Marco Bettner

# Lernzielkontrollen Mathematik

5.–10. Klasse

PERSEN

**Der Autor:** **Marco Bettner** – Haupt- und Realschullehrer, Rektor als Ausbildungsleiter für die Fächer Mathematik und Informatik am Studienseminar Friedberg (Hessen), Lehrbeauftragter am Institut für Mathematikdidaktik der Justus-Liebig-Universität Giessen und Referent der Lehrerfortbildung

**Bereits erschienen:**
- Terme und Gleichungen (978-3-8344-3995-6)
- Mathematik im Alltag (978-3-8344-3916-1)
- Winkel (978-3-8344-3661-0)

8. Auflage 2016


Gedruckt auf umweltbewusst gefertigtem, chlorfrei gebleichtem
und alterungsbeständigem Papier.

Illustrationen: Georg Wieborg
Satz: Satzherstellung Dr. Naake <www.naake-satz.de>
ISBN 978-3-8344-3917-8

# Inhaltsverzeichnis

# Einleitung

Die als Lernzielkontrollen konzipierten Arbeitsblätter dieses Titels decken alle mathematischen Themen der Sekundarstufe I ab. Neben der Verwendung als Mathematikarbeit/Test können sie unter anderem auch als Material zur Übung und Wiederholung *vor* Mathematikarbeiten eingesetzt werden oder aber in Vertretungsstunden. Dabei können die Arbeitsblätter durch die unterschiedlichen Anforderungsniveaus in allen Schulformen integriert werden.

Der wesentliche Nutzen wird vor allem in der *diagnostischen Auswertung* für Lehrkräfte, Eltern und/oder Schülerinnen und Schüler liegen: Was ist bei der Schülerin/dem Schüler vom behandelten Stoff hängen geblieben? Wer braucht noch Hilfe/hat noch Förderbedarf und in welchen Bereichen? Diese Fragen können durch den Einsatz der Kontrollen schnell beantwortet werden. Es können genaue Defizite oder Kompetenzen bei einzelnen mathematischen Themen lokalisiert und benannt werden. Entsprechende Hilfsmaßnahmen können daraufhin *gezielt* konzipiert und als Fördermaterial eingesetzt werden.

Mithilfe der Lösungsseiten können die Schülerergebnisse rasch durchgesehen und zügig korrigiert werden.

## Themenbereiche der einzelnen Klassenstufen

*Klasse 5*
Schriftliche Rechenverfahren, der Zahlenaufbau, Rechengesetze und geometrische Themen, wie z. B. Körper, Strecken, Geraden usw. und das Umrechnen von Größen sind Hauptbestandteile der Lernzielkontrollen im 5. Schuljahr.

*Klasse 6*
Die Themen Teiler, Vielfache, Bruchrechnung und Winkel wurden in die 6. Klasse eingeordnet.

*Klasse 7*
Anknüpfend an Klasse 6 werden für Klasse 7 zunächst Arbeiten im Bereich Winkel und Konstruktionen angeboten. Anschließend nehmen die Inhalte Prozentrechnung, rationale Zahlen, proportionale Zuordnungen und Flächeninhalt und Umfang von regelmäßigen und unregelmäßigen *n*-Ecken den meisten Platz ein.

*Klasse 8*
In Jahrgangsstufe 8 wird die Algebra integriert. Dabei werden die Themen Terme, Gleichungen und lineare Funktionen behandelt.

*Klasse 9*
In der 9. Klasse werden Lernzielkontrollen zu Wurzelgesetzen, linearen Gleichungssystemen, quadratischen Gleichungen, zur Satzgruppe des Pythagoras, zum Strahlensatz und zum Umfang und Flächeninhalt vom Kreis angeboten.

*Klasse 10*
Wiederum geometrische und algebraische Inhalte bilden den Schwerpunkt im 10. Schuljahr. Dabei wird auf Potenzgesetze, quadratische Funktionen, Körperberechnungen und auf Trigonometrie eingegangen.

Gerade im Lehrplan der Hauptschule und der Schule für Lernhilfe werden bestimmte

Themen, wie z. B. die Prozentrechnung, die Flächenberechnung oder die Zuordnungen, sowohl in der 7. Klasse als auch in der 8. und 9. Klasse aufgeführt. Die Lehrkraft, die unter anderem im 8. und/oder 9. Schuljahr unterrichtet, kann sich daher aus den entsprechenden Angeboten aus dem 7. Schuljahr bedienen. Dort werden unterschiedliche Anforderungsniveaus zu den gleichen Inhalten angeboten.

## Aufbau der einzelnen Lernzielkontrollen

Es ist versucht worden, die Seiten so zu layouten, dass die Schülerinnen und Schüler die Aufgaben direkt auf dem Arbeitsblatt lösen können. Dies erleichtert Lehrkräften das Korrigieren und Schülerinnen und Schüler vertauschen weniger leicht Zahlen der verschiedenen Aufgaben etc. Das Kästchenpapier auf den Seiten ist also gedacht als Platz zur Berechnung der Aufgaben der jeweiligen Lernzielkontrolle.

Für Aufgaben, die nicht direkt auf dem Arbeitsblatt gelöst werden können, liegt eine „Kästchenseite“ als Kopiervorlage vor. Diese kann von der Lehrkraft in ausreichender Zahl kopiert und direkt an die jeweilige Lernzielkontrolle geheftet werden. So sind Lösungswege und Ergebnisse übersichtlich dicht beieinander.

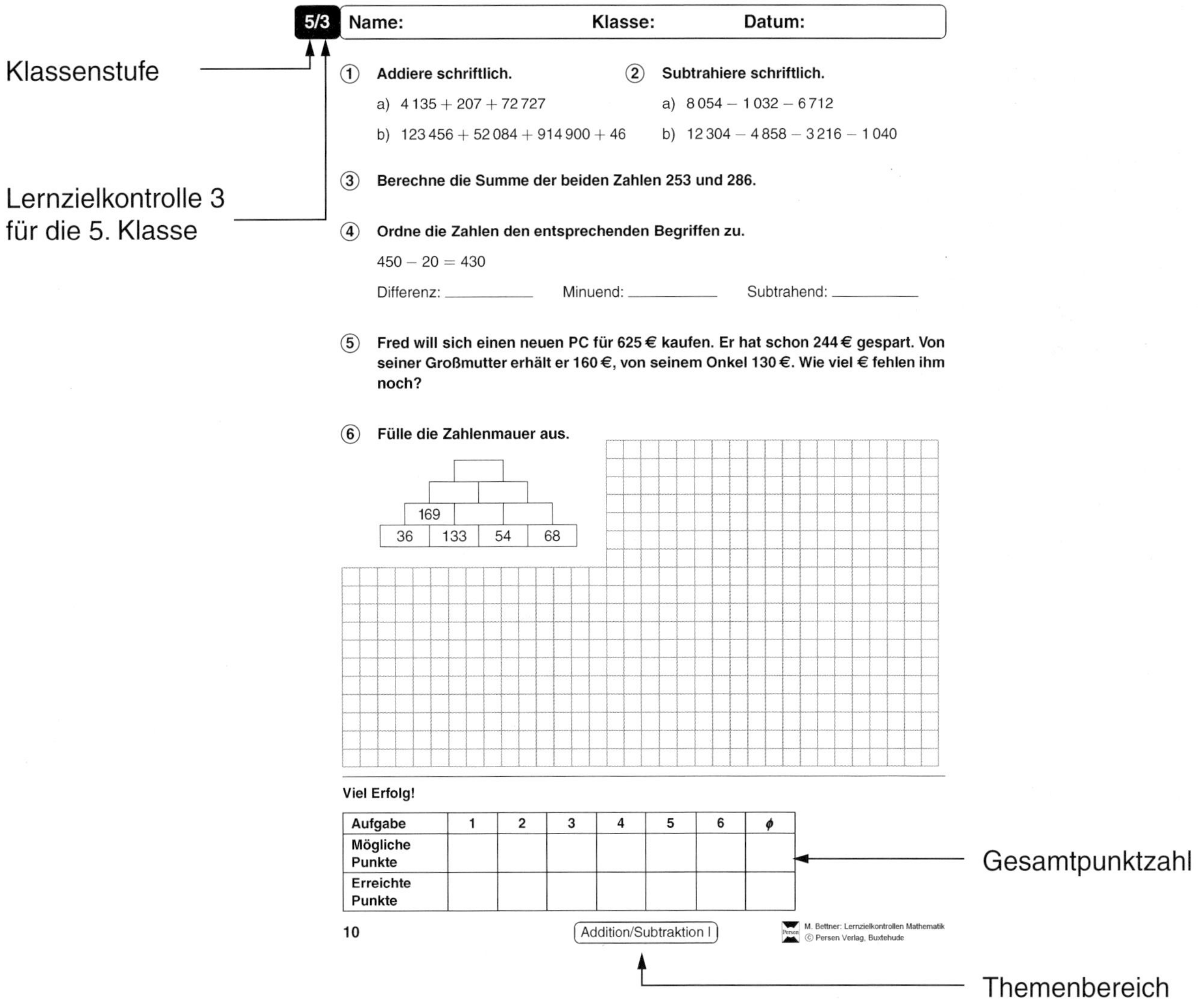


5/3 Name: Klasse: Datum:

① Addiere schriftlich.
a) 4 135 + 207 + 72 727
b) 123 456 + 52 084 + 914 900 + 46

② Subtrahiere schriftlich.
a) 8 054 – 1 032 – 6 712
b) 12 304 – 4 858 – 3 216 – 1 040

③ Berechne die Summe der beiden Zahlen 253 und 286.

④ Ordne die Zahlen den entsprechenden Begriffen zu.
450 – 20 = 430
Differenz: ________ Minuend: ________ Subtrahend: ________

⑤ Fred will sich einen neuen PC für 625 € kaufen. Er hat schon 244 € gespart. Von seiner Großmutter erhält er 160 €, von seinem Onkel 130 €. Wie viel € fehlen ihm noch?

⑥ Fülle die Zahlenmauer aus.
169
36 133 54 68

Viel Erfolg!

| Aufgabe | 1 | 2 | 3 | 4 | 5 | 6 | ∅ |
|---|---|---|---|---|---|---|---|
| Mögliche Punkte | | | | | | | |
| Erreichte Punkte | | | | | | | |

10 Addition/Subtraktion I M. Bettner: Lernzielkontrollen Mathematik © Persen Verlag, Buxtehude

5/1 **Name:** **Klasse:** **Datum:**

① **Vervollständige die Tabelle.**

| Vorgänger | Zahl | Nachfolger |
|---|---|---|
| | 800 | |
| 10 899 | | |
| | | 200 000 |
| | 110 100 | |

② **Lies die 3 Zahlen am Zahlenstrahl ab.**

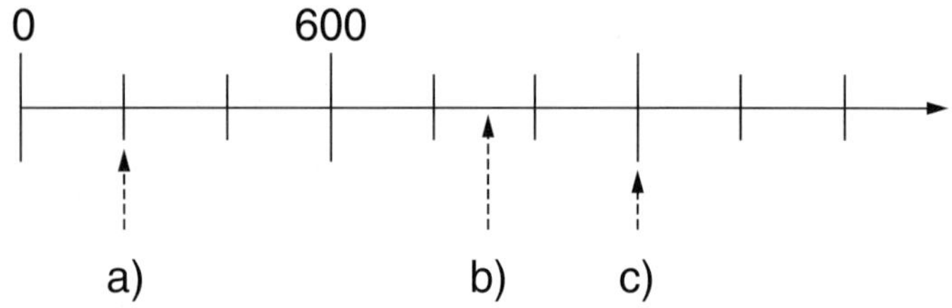


a) ________ b) ________ c) ________

③ **Setze das entsprechende Relationszeichen (<, >, =) ein.**

a) 4 754 ☐ 4 754

b) 31 194 ☐ 31 914

c) 43 805 ☐ 291 456

d) 41 412 ☐ 41 321

e) 63 578 ☐ 36 578

④ **Notiere mit arabischen Ziffern.**

a) 3 T + 2 H + 4 Z + 8 E = ____________

b) 1 HT + 6 ZT + 2 T + 5 H = ____________

c) 8 HT + 9 T + 4 H + 2 Z = ____________

d) 3 M + 2 HT + 5 ZT + 4 T + 3 H + 9 E = ____________

**Name:** **Klasse:** **Datum:** **5/1**

⑤ **Schreibe diese Zahlen mit Ziffern.**

a) Viertausendeinhundertvierunddreißig = ____________

b) Einhundertsiebzehntausendfünfhundertsechzig = ____________

c) Siebzigtausendeinhundert = ____________

d) Dreihundertvierundsiebzigtausendfünf = ____________

⑥ **Vervollständige die Zahlenreihen um jeweils 4 Glieder.**

a) 1, 3, 5, 7, ____________

b) 3, 6, 12, 24, ____________

c) 11, 14, 16, 19, ____________

d) 1, 1, 2, 3, 5, 8, ____________

⑦ **Schreibe folgende Zahlen als Wörter.**

a) 1 000 000 = ________________________________

b) 10 000 = ________________________________

c) 1 000 000 000 000 = ________________________________

**Viel Erfolg!**

| **Aufgabe** | **1** | **2** | **3** | **4** | **5** | **6** | **7** | **ϕ** |
|---|---|---|---|---|---|---|---|---|
| **Mögliche Punkte** | | | | | | | | |
| **Erreichte Punkte** | | | | | | | | |

**5/2 Name: Klasse: Datum:**

## ① Nummeriere die Ereignisse in ihrer zeitlichen Abfolge (1. = frühestes Ereignis).

_____ 1819 Das erste Dampfsegelschiff überquert den Atlantik

_____ 1903 Flug der Brüder Wright

_____ 1776 James Watt baut eine brauchbare Dampfmaschine

_____ 1835 Die erste deutsche Eisenbahn fährt zwischen Nürnberg und Fürth

_____ 1866 Werner v. Siemens entwickelt eine Dynamomaschine

_____ 1879 Edison erfindet die elektrische Glühbirne

_____ 1885 Daimler und Benz konstruieren einen Wagen mit Benzinmotor

_____ 1814 Stephenson baut die erste Lokomotive

_____ 1905 Einstein entwickelt die „Relativitätstheorie"

_____ 1893 Der Dieselmotor wird erfunden

_____ 1928 Die erste Fernsehübertragung

_____ 1867 Nobel erfindet das Dynamit

## ② Lies die Zahlen am Zahlenstrahl ab.

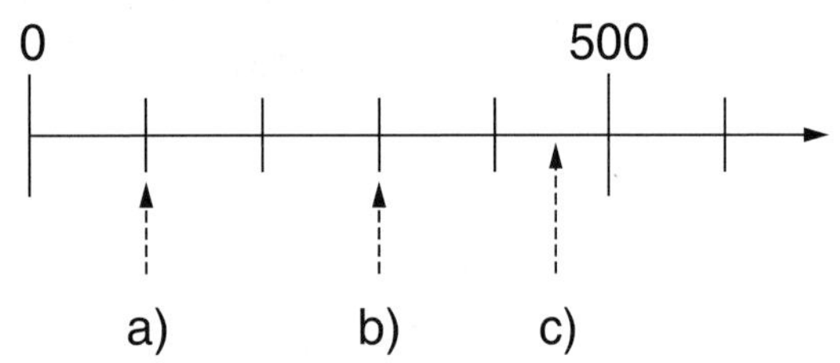


a) ________ b) ________ c) ________

## ③ Notiere mit arabischen Ziffern.

a) 3 T + 2 H + 4 Z + 8 E = ____________

b) 1 HT + 6 ZT + 2 T + 5 H + 5 E = ____________

c) 8 HT + 9 T + 4 H + 2 Z + 6 E = ____________

d) 3 M + 2 HT + 5 ZT + 4 T + 3 H + 9 E = ____________

| Name: | Klasse: | Datum: | 5/2 |
|---|---|---|---|

④ **Notiere die entsprechenden Ziffern.**

a) Von München nach Berlin sind es sechshundert Kilometer.

____________________________

b) Ein Flachbildfernseher kostet dreitausendzweihundertfünfzig Euro.

____________________________

c) Albert Einstein wurde achtzehnhundertneunundsiebzig geboren.

____________________________

⑤ **Vervollständige die Zahlenreihen um jeweils 4 Glieder.**

a) 1, 2, 3, 4, ______________

b) 4, 8, 12, 16, ______________

c) 5, 10, 20, 40, ______________

d) 1, 1, 2, 3, 5, 8, ______________

⑥ **Aus einer großen Staubwolke und Gasen entstand vor ca. 4,6 Milliarden Jahren die Sonne und die sie umkreisenden Planeten. Einer dieser Planeten ist die Erde. Schreibe 4,6 Milliarden mit Ziffern exakt auf.**

____________________________

**Viel Erfolg!**

| Aufgabe | 1 | 2 | 3 | 4 | 5 | 6 | ∅ |
|---|---|---|---|---|---|---|---|
| Mögliche Punkte | | | | | | | |
| Erreichte Punkte | | | | | | | |

**5/3** **Name:** **Klasse:** **Datum:**

① **Addiere schriftlich.**

a) 4 135 + 207 + 72 727

b) 123 456 + 52 084 + 914 900 + 46

② **Subtrahiere schriftlich.**

a) 8 054 − 1 032 − 6 712

b) 12 304 − 4 858 − 3 216 − 1 040

③ **Berechne die Summe der beiden Zahlen 253 und 286.**

④ **Ordne die Zahlen den entsprechenden Begriffen zu.**

450 − 20 = 430

Differenz: ____________ Minuend: ____________ Subtrahend: ____________

⑤ **Fred will sich einen neuen PC für 625 € kaufen. Er hat schon 244 € gespart. Von seiner Großmutter erhält er 160 €, von seinem Onkel 130 €. Wie viel Euro fehlen ihm noch?**

⑥ **Fülle die Zahlenmauer aus.**

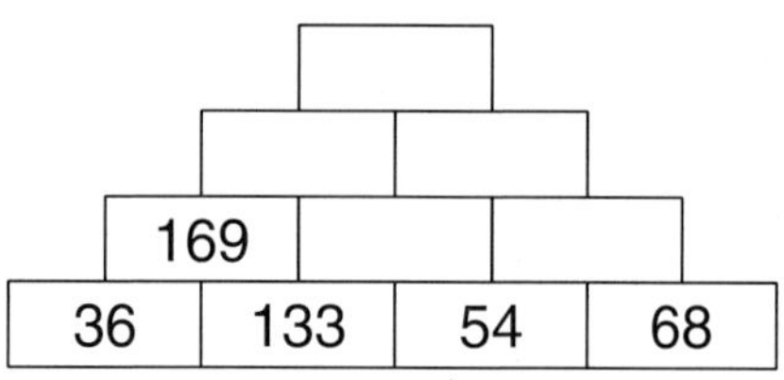


**Viel Erfolg!**

| **Aufgabe** | **1** | **2** | **3** | **4** | **5** | **6** | **ϕ** |
|---|---|---|---|---|---|---|---|
| **Mögliche Punkte** | | | | | | | |
| **Erreichte Punkte** | | | | | | | |

| Name: | Klasse: | Datum: | 5/4 |
|---|---|---|---|

① **Beantworte folgende Fragen.**

a) Was ist eine Summe?

___

b) Aus welchen zwei Komponenten setzt sich eine Differenz zusammen?

___

② **Die Grafik zeigt die Einwohnerzahl pro Kontinent. Bestimme die Anzahl der Weltbevölkerung.**

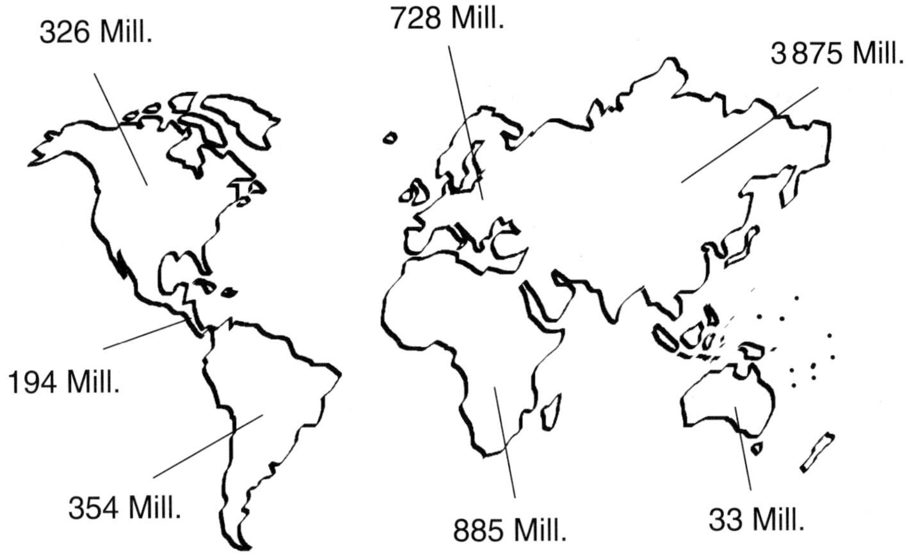


③ **Um das Gewicht der Ladung zu bestimmen wurde der LKW zweimal gewogen, einmal mit und einmal ohne Ladung. Wie viele Kilogramm Sand hatte der Lastwagen auf seinem Hänger?**

mit Ladung: 31 435 kg    ohne Ladung: 13 247 kg

| 5/4 | Name: | Klasse: | Datum: |
|---|---|---|---|

④ **Sabine will sich ein neues Fahrrad für 750 € kaufen. Sie hat bereits 258 € gespart. Von ihrer Tante erhält sie 110 €, vom Großvater 170 €. Bei Barzahlung werden 40 € Nachlass gewährt. Wie viel Euro fehlen ihr noch?**

⑤ **Fülle die Zahlenmauer aus.**

| 8017 | 6405 | 5013 | 3743 |
|---|---|---|---|
| 1612 | □ | □ | |
| □ | □ | | |
| □ | | | |

⑥ **Fülle alle Lücken aus.**

a)

```
    □ 4 3 □ 8
  + 4 8 □ 3 □
  -----------
    7 □ 8 3 7
```

b)

```
    5 0 8 7 □
  + 3 □ 6 □ 9
  -----------
    □ 1 □ 6 5
```

**Viel Erfolg!**

| Aufgabe | 1 | 2 | 3 | 4 | 5 | 6 | ϕ |
|---|---|---|---|---|---|---|---|
| Mögliche Punkte | | | | | | | |
| Erreichte Punkte | | | | | | | |

**Name:** **Klasse:** **Datum:** **5/5**

① **Berechne.**

a) $8\,109 \cdot 7 =$ b) $34 \cdot 23 =$ c) $91\,843 \cdot 742 =$

② **Berechne.**

a) $894 : 6 =$ b) $2\,849 : 7 =$ c) $5\,685 : 15 =$

③ **Berechne schriftlich.**

a) Multipliziert man eine Zahl mit 13, so erhält man 234. Wie heißt die Zahl?

b) Multipliziert man eine Zahl mit 27, so erhält man 648. Wie heißt die Zahl?

④ **9 Jeans kosten zusammen 783 €. Wie viel kostet eine Hose?**

⑤ **Familie König bezahlt den neuen Fernsehapparat in 9 Monatsraten zu je 109 € ab. Wie viel Euro werden insgesamt bezahlt?**

**Viel Erfolg!**

| **Aufgabe** | **1** | **2** | **3** | **4** | **5** | **ϕ** |
|---|---|---|---|---|---|---|
| **Mögliche Punkte** | | | | | | |
| **Erreichte Punkte** | | | | | | |

| 5/6 | Name: | Klasse: | Datum: |
|---|---|---|---|

① **Ermittle den Gesamtbetrag.**

Kunde

**Baumschule Immergrün**

Firma Musterhaus
Musterstraße 100
12345 Musterhausen

**Rechnung**

| Anzahl | Artikel | Einzelpreis | Gesamtpreis |
|---|---|---|---|
| 6 | Heidekraut | 2,00 € | |
| 2 | Blautanne (90 cm) | 29,00 € | |
| 5 | Thuja (85 cm) | 12,00 € | |
| 1 | Schmetterlingsstrauch (75 cm) | 17,50 € | |
| | | Gesamtbetrag | |

② **Die englische Formel-1-Strecke in Silverstone hat eine Gesamtdistanz von 308 km. Wie lang ist in etwa eine Runde, wenn sie 60-mal gefahren werden muss?**

③ **Ein ICE fuhr im Monat Juli 47 492 km. Wie viele Kilometer hat er im Durchschnitt pro Tag zurückgelegt?**

④ **Ein Motorroller kostet bei Barzahlung 1 404 €. Er kann allerdings auch über 18 Monatsraten à 82 € bezahlt werden. Wie groß ist die Differenz zwischen den beiden Zahlungsweisen?**

**Viel Erfolg!**

| Aufgabe | 1 | 2 | 3 | 4 | ϕ |
|---|---|---|---|---|---|
| Mögliche Punkte | | | | | |
| Erreichte Punkte | | | | | |

**Name:** **Klasse:** **Datum:** **5/7**

① **Notiere 3 Regeln für die Reihenfolge beim Berechnen von Rechenausdrücken.**

______________________________________________

______________________________________________

______________________________________________

② **Berechne.**

a) $5 \cdot 7 + 3 \cdot 4$  b) $20 + 3 \cdot 4 + 16$  c) $(3 + 4) \cdot 9 - 18$

d) $3 \cdot 6 - 12 : 4$  e) $31 - 55 : 11$  f) $36 + [21 - (24 - 17) + 25] - 66$

③ **Setze Klammern, sodass wahre Aussagen entstehen.**

a) $3 + 9 \cdot 2 = 24$  b) $20 + 40 : 5 = 12$

c) $24 - 4 \cdot 5 - 50 : 7 + 3 = 95$

④ **Fülle die Lücken aus, sodass wahre Aussagen entstehen.**

a) $6 \cdot 5 + \square = 40$  b) $24 + 4 \cdot \square = 60$  c) $3 \cdot (18 + \square) = 75$

⑤ **Thorsten hat Geburtstag und möchte mit seinen Freunden ins Kino gehen. 3 seiner Freunde sind älter als 14 Jahre und 5 sind jünger als 14 Jahre. Wie viel Euro Eintrittsgeld muss Thorsten für seine Freunde bezahlen?**

**Bali-Kino**

Eintrittspreise

| | |
|---|---|
| Kinder (unter 14 Jahren): | 4,00 € |
| Erwachsene (ab 14 Jahren): | 5,50 € |

**Viel Erfolg!**

| **Aufgabe** | **1** | **2** | **3** | **4** | **5** | **ϕ** |
|---|---|---|---|---|---|---|
| **Mögliche Punkte** | | | | | | |
| **Erreichte Punkte** | | | | | | |

**5/8** **Name:** **Klasse:** **Datum:**

① **Gib die Namen der folgenden Körper an.**

a)

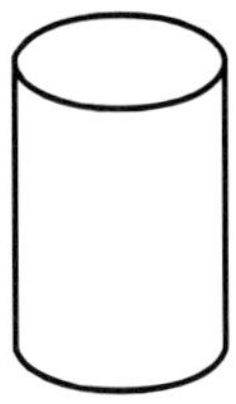

______________

b)

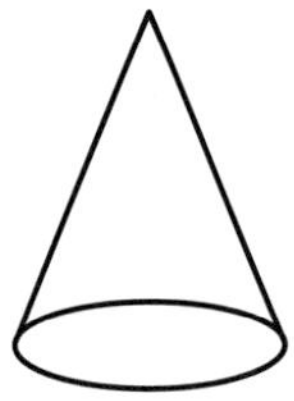

______________

c)

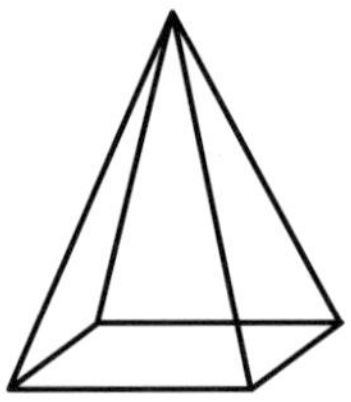

______________

d)

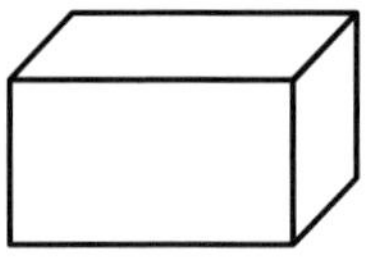

______________

② **Wie heißt der Körper?**
**Seine Seiten sind alle gleich lang.**
**Die Seiten stehen senkrecht aufeinander.**

______________________________

③ **Wie viele Ecken und wie viele Kanten hat ein Würfel?**

Ecken: ______________ Kanten: ______________

④ **Hier siehst du zwei Würfelnetze.**
**Stelle dir vor, man klappt diese wieder zu einem Würfel zusammen.**
**Welche Flächen liegen sich gegenüber? Welche Kanten grenzen aneinander?**
**Male diese Flächen bzw. Kanten jeweils mit der gleichen Farbe an.**

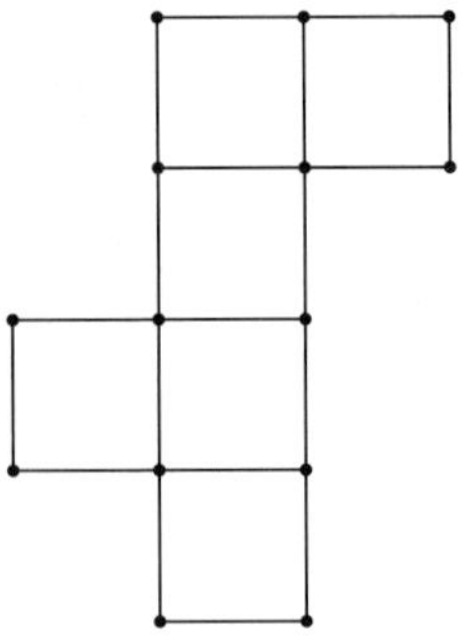

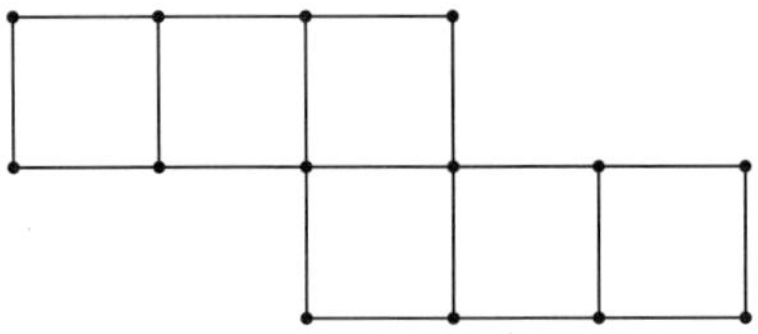

**Viel Erfolg!**

| **Aufgabe** | **1** | **2** | **3** | **4** | **ϕ** |
|---|---|---|---|---|---|
| **Mögliche Punkte** | | | | | |
| **Erreichte Punkte** | | | | | |

| Name: | Klasse: | Datum: | 5/9 |
|---|---|---|---|

① **Nenne 3 Beispiele aus deiner Umwelt, in denen die Form des Quaders auftritt.**

______________________________________________

______________________________________________

② **In einem Kasten liegen 30 gleich große Würfel. Wie viele von ihnen muss man mindestens zusammensetzen, damit ein neuer, größerer Würfel entsteht?**

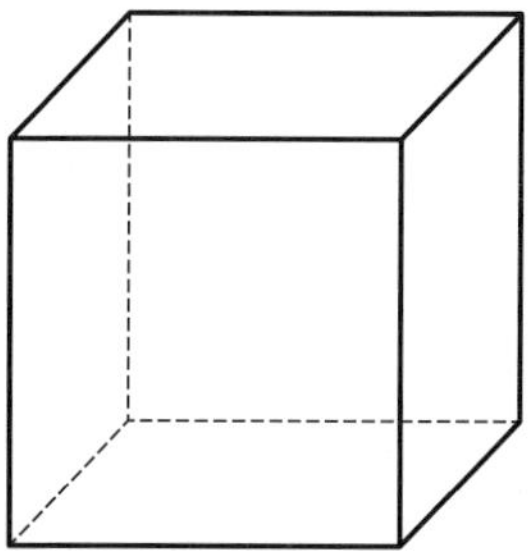

______________________________

③ **Yannik will aus Draht das Kantenmodell eines Würfels bauen.
Wie viel Draht wird benötigt, wenn eine Kante 12 cm lang sein soll?**

______________________________

④ **Welche der Zeichnungen stellen Würfelnetze dar?**

a)

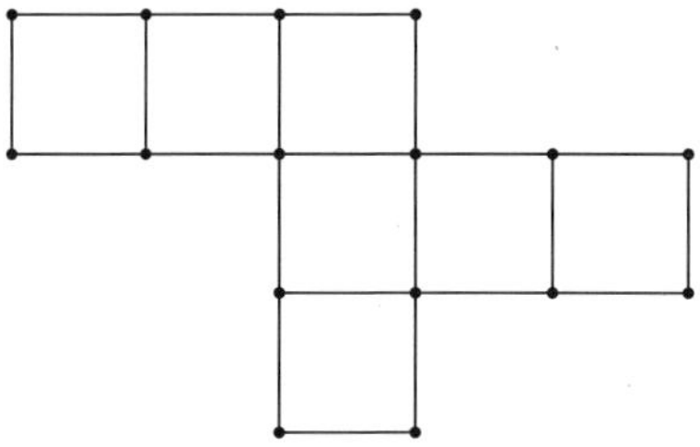

b)

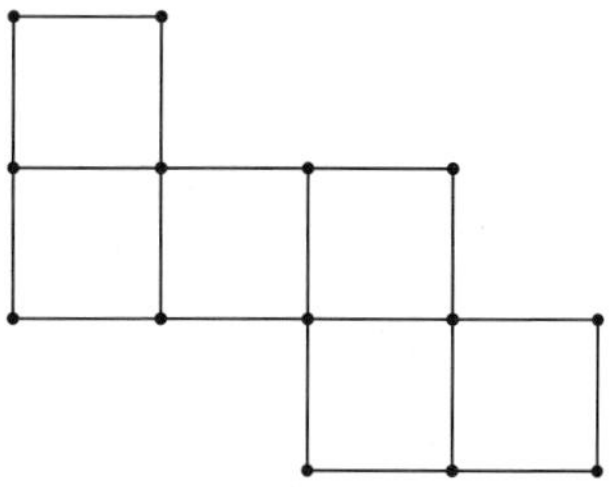

c)

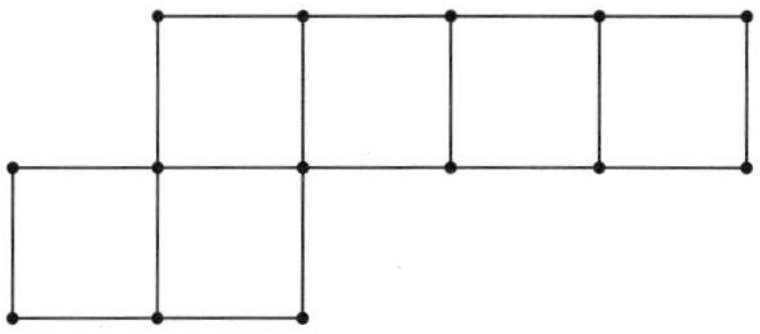

**Viel Erfolg!**

| Aufgabe | 1 | 2 | 3 | 4 | ϕ |
|---|---|---|---|---|---|
| Mögliche Punkte | | | | | |
| Erreichte Punkte | | | | | |

**5/10** **Name:** **Klasse:** **Datum:**

① **Gib die Eigenschaften von folgenden geometrischen Linien stichwortartig an.**

a) Strecke: ______________________________

b) Halbgerade: ______________________________

c) Gerade: ______________________________

② **Korrigiere falsche Beschriftungen.**

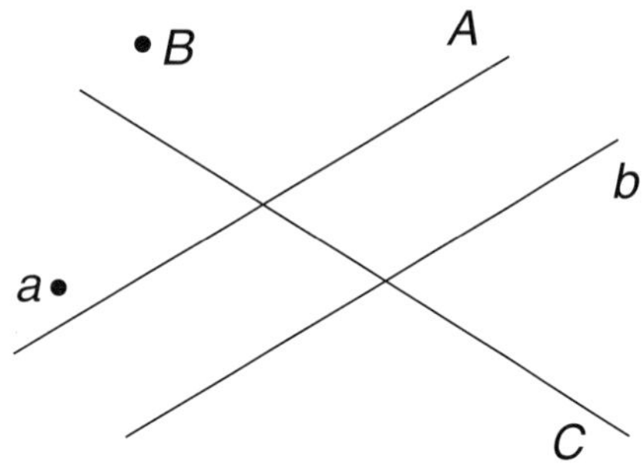


③ **Zeichne ...**

a) eine beliebige Senkrechte zur Geraden *g* (grün).

b) eine beliebige Parallele zur Geraden *g* (blau).

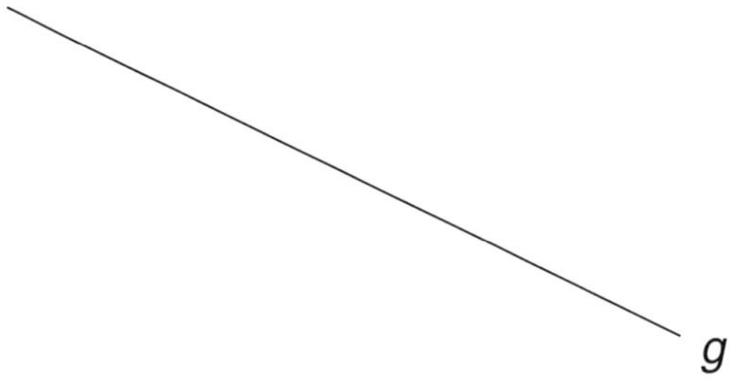

| **Name:** | **Klasse:** | **Datum:** | **5/10** |
|---|---|---|---|

④ **Zeichne ...**

a) eine Senkrechte zur Geraden *a* durch den Punkt *B* (grün).

b) eine Parallele zur Geraden *a* durch den Punkt *B* (blau).

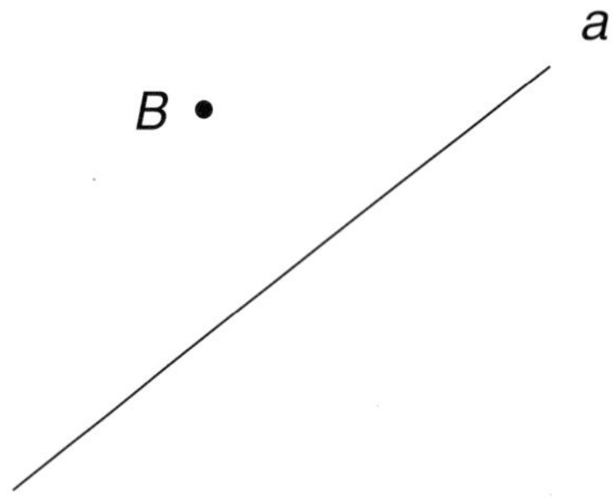


⑤ **Notiere ...**

a) die Geradenpaare, die senkrecht zueinander stehen.

________________________________________

b) die Geradenpaare, die parallel zueinander sind.

________________________________________

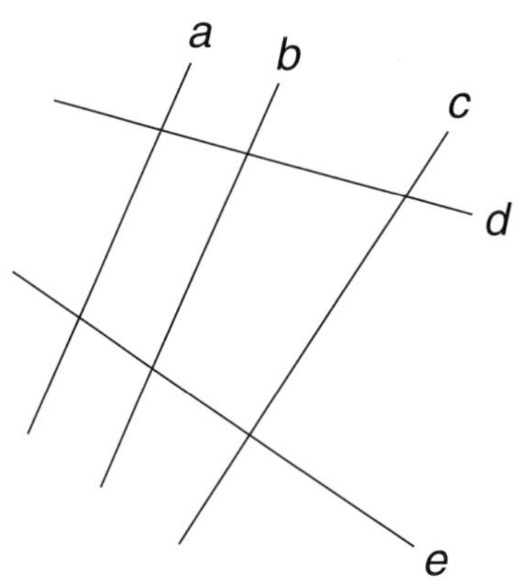


**Viel Erfolg!**

| **Aufgabe** | **1** | **2** | **3** | **4** | **5** | **ϕ** |
|---|---|---|---|---|---|---|
| **Mögliche Punkte** | | | | | | |
| **Erreichte Punkte** | | | | | | |

**5/11** **Name:** **Klasse:** **Datum:**

① **Wandle in die angegebene Einheit um.**

a) 14 € (Cent) b) 780 Cent (€) c) 1 278 Cent (€) d) 65 Cent (€)

② **Wandle in die angegebene Einheit um.**

a) 9 000 g (kg) b) 12 kg (g) c) 4 t (kg) d) 35 136 mg (g)

③ **Wie viel Gramm fehlen noch bis zu einem Kilogramm?**

a) 746 g + ______ = 1 kg b) 0,593 kg + ______ = 1 kg

c) 99 g + ______ = 1 kg d) 0,923 kg + ______ = 1 kg

④ **In einer Einkaufstasche sind 2 kg Mehl, 3 kg Orangen, 1 Flasche Limonade zu 800 g, 3 Päckchen Nudeln zu je 250 g und drei Dosen zu je 590 g. Wie viele Kilogramm wiegt der Inhalt der Einkaufstasche?**

⑤ **Theresa kauft ein. Beim Fleischer muss sie 14,85 € bezahlen, beim Bäcker 8,70 € und im Supermarkt 19,34 €. Ihre Mutter hat ihr 50 € mitgegeben. Wie viel Euro bringt Theresa wieder mit nach Hause?**

**Viel Erfolg!**

| Aufgabe | 1 | 2 | 3 | 4 | 5 | ø |
|---|---|---|---|---|---|---|
| Mögliche Punkte | | | | | | |
| Erreichte Punkte | | | | | | |

| Name: | Klasse: | Datum: | 5/12 |
|---|---|---|---|

① **Trage in die Tabelle ein.**

3 km 138 m; 8 m 56 cm; 3 m 50 cm; 3,263 km; 7,5 m; 78 mm

| km | | | m | | | | | |
|---|---|---|---|---|---|---|---|---|
| H | Z | E | H | Z | E | dm | cm | mm |
| | | | | | | | | |
| | | | | | | | | |
| | | | | | | | | |
| | | | | | | | | |
| | | | | | | | | |
| | | | | | | | | |

② **Ergänze die fehlende Angabe.**

a) 2,53 m = 253 ______

b) 7 m 6 cm = ______ cm

c) 34 ______ 6 ______ = 34,6 dm

d) 0,58 km = ______ m

e) ______ cm = 8 cm 7 mm

f) 82,5 ______ = 82 m 5 ______

③ **Ein Automotor macht in 1 Minute 4 800 Umdrehungen.**
**Wie viele Umdrehungen sind es in einer Stunde?**

______

④ **Ordne den Gewichten die Gegenstände zu.**

1 t

1 kg

10 g

10 kg

**Viel Erfolg!**

| Aufgabe | 1 | 2 | 3 | 4 | ∅ |
|---|---|---|---|---|---|
| Mögliche Punkte | | | | | |
| Erreichte Punkte | | | | | |

**6/1** **Name:** **Klasse:** **Datum:**

① **Kreuze an, ob die Zahlen durch 2, 3, 5, 9, 10 oder 25 teilbar sind.**

| Teilbar durch | 2 | 3 | 5 | 9 | 10 | 25 |
|---|---|---|---|---|---|---|
| 96 | | | | | | |
| 675 | | | | | | |
| 2 790 | | | | | | |
| 18 900 | | | | | | |
| 7 341 | | | | | | |

② **Gib an, ob es sich um wahre (w) oder falsche (f) Aussagen handelt.**

a) 5 ist Teiler von 43 ____
b) 8 ist Teiler von 4 ____
c) 7 ist Teiler von 21 ____
d) 52 ist nicht Vielfaches von 13 ____
e) 24 ist Vielfaches von 6 ____
f) 32 ist Vielfaches von 4 ____
g) 4 | 1 132 ____
h) 9 | 5 859 ____

③ **Beantworte die Fragen.**

a) Für was steht die Abkürzung kgV? ______________________________

b) Für was steht die Abkürzung ggT? ______________________________

④ **Bestimme den ggT bzw. das kgV.**

a) ggT (6;18), kgV (20;30)
b) ggT (5; 15; 20; 55), kgV (4; 7; 14; 28)

⑤ **Nenne alle Primzahlen zwischen 20 und 40.**

______________________________________________

______________________________________________

⑥ **Zerlege diese Zahlen in ihre Primfaktoren.**

a) 12 = ______________________________

b) 18 = ______________________________

c) 30 = ______________________________

⑦ **Vom Frankfurter Hauptbahnhof fährt alle 4 Minuten ein Bus und alle 6 Minuten ein Zug ab.**
**Nach wie vielen Minuten fahren ein Zug und ein Bus gleichzeitig ab?**

**Viel Erfolg!**

| **Aufgabe** | **1** | **2** | **3** | **4** | **5** | **6** | **7** | **ϕ** |
|---|---|---|---|---|---|---|---|---|
| **Mögliche Punkte** | | | | | | | | |
| **Erreichte Punkte** | | | | | | | | |

**6/2** **Name:** **Klasse:** **Datum:**

① **Welcher Bruch wird durch die graue Fläche dargestellt?**

a) 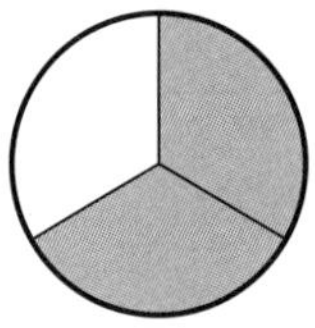

b) 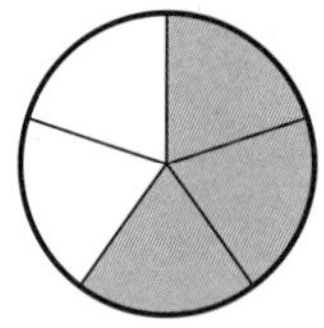

c) 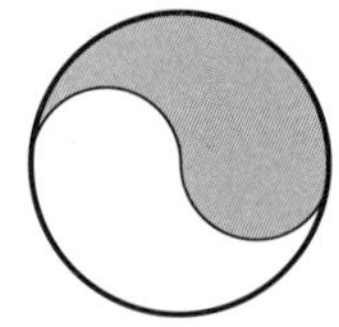

d) 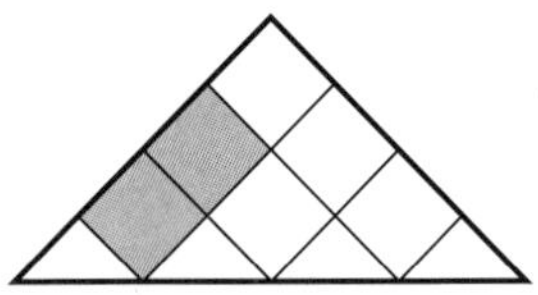

e) 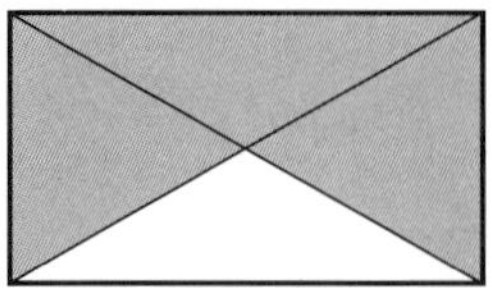

f) 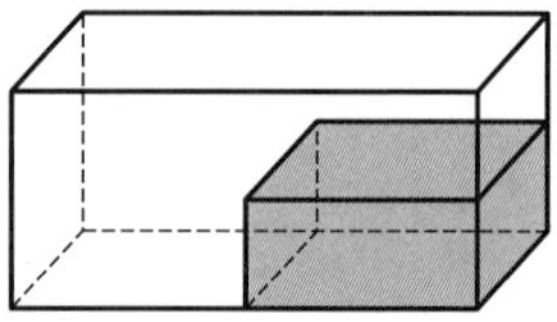

② **Schreibe als gemischten Bruch.**

a) $\frac{16}{3}$ b) $\frac{28}{4}$ c) $\frac{53}{18}$ d) $\frac{126}{13}$ e) $\frac{256}{24}$ f) $\frac{337}{27}$

③ **Schreibe als unechten Bruch.**

a) $5\,\frac{1}{8}$ b) $9\,\frac{3}{7}$ c) $12\,\frac{7}{9}$ d) $21\,\frac{4}{8}$ e) $18\,\frac{3}{14}$ f) $7\,\frac{16}{22}$

④ **Wandle in die angegebene Einheit um.**

a) $\frac{4}{10}$ kg (g) b) $\frac{1}{8}$ kg (g) c) $\frac{30}{1\,000}$ t (kg) d) $\frac{4}{15}$ h (min)

⑤ **Erweitere diese Brüche auf den Nenner 48.**

a) $\frac{5}{12}$ b) $\frac{2}{3}$ c) $\frac{3}{4}$ d) $\frac{1}{6}$ e) $\frac{3}{24}$

⑥ **Kürze die Brüche vollständig.**

a) $\frac{6}{12}$ b) $\frac{8}{40}$ c) $\frac{7}{56}$ d) $\frac{16}{72}$ e) $\frac{30}{75}$ f) $\frac{13}{17}$

⑦ **Eine Klasse hat 24 Schüler. Bei der Wahl des Klassensprechers erhielt Claudia $\frac{1}{3}$ der Stimmen, Klaus $\frac{3}{8}$ der Stimmen und Michael den Rest.**
**Wie viele Stimmen erhielt jeder? Wer hat die Wahl gewonnen?**

| Name: | Klasse: | Datum: | 6/2 |
|---|---|---|---|

⑧ Die gesamte Erdoberfläche beträgt ca. 510 Millionen km². Davon nehmen $\frac{3}{10}$ die Kontinente und $\frac{7}{10}$ die Weltmeere ein.
Berechne die Größe der Wasseroberfläche und die Größe der Erdoberfläche.

⑨ Wie viel ist die Hälfte von der Hälfte? Löse zeichnerisch.

Viel Erfolg!

| Aufgabe | 1 | 2 | 3 | 4 | 5 | 6 | 7 | 8 | 9 | ∅ |
|---|---|---|---|---|---|---|---|---|---|---|
| Mögliche Punkte | | | | | | | | | | |
| Erreichte Punkte | | | | | | | | | | |

**6/3** **Name:** **Klasse:** **Datum:**

① **Berechne. Kürze die Ergebnisse vollständig und schreibe, wenn möglich, als gemischten Bruch.**

a) $\frac{2}{5} + \frac{1}{5}$  b) $\frac{3}{4} + \frac{5}{4}$  c) $\frac{4}{8} + \frac{1}{8} + \frac{3}{8}$  d) $\frac{4}{7} - \frac{3}{7}$

e) $\frac{7}{12} - \frac{3}{12} + \frac{1}{12} - \frac{2}{12}$  f) $\frac{7}{5} + \frac{3}{10}$  g) $\frac{1}{2} + \frac{1}{4} + \frac{1}{8}$

h) $\frac{2}{3} + \frac{1}{6} - \frac{4}{9}$  i) $\frac{5}{8} + \frac{1}{4} - \frac{2}{3}$  j) $\frac{2}{3} - \frac{1}{5}$

② **Berechne. Kürze die Ergebnisse vollständig und schreibe, wenn möglich, als gemischten Bruch.**

a) $\frac{2}{3} + \frac{1}{4}$  b) $\frac{1}{6} + \frac{3}{8}$  c) $\frac{2}{7} + \frac{5}{14}$  d) $\frac{3}{5} - \frac{3}{10}$  e) $\frac{1}{7} - \frac{1}{8}$  f) $\frac{3}{17} - \frac{2}{102}$

③ **Berechne. Kürze die Ergebnisse vollständig und schreibe, wenn möglich, als gemischten Bruch.**

a) $1\frac{3}{4} + 2\frac{1}{8}$  b) $4\frac{9}{11} - 3\frac{5}{22}$  c) $7\frac{1}{6} - 3\frac{5}{8}$  d) $\frac{3}{4} + 7$

**Viel Erfolg!**

| Aufgabe | 1 | 2 | 3 | ⌀ |
|---|---|---|---|---|
| Mögliche Punkte | | | | |
| Erreichte Punkte | | | | |

| **Name:** | **Klasse:** | **Datum:** | **6/4** |
|---|---|---|---|

① **Löse zeichnerisch und rechnerisch.**

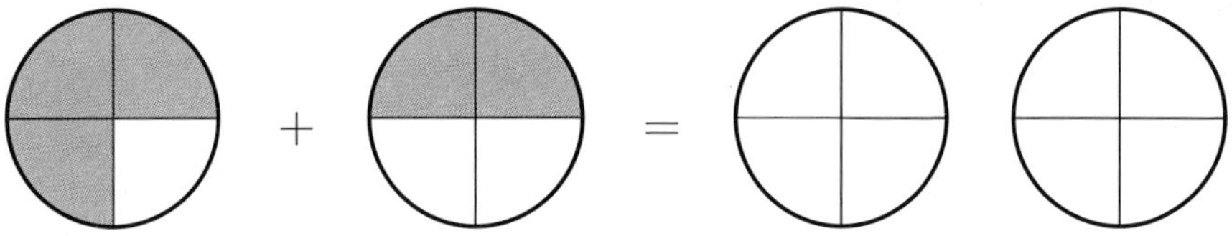

_______ + _______ = _____________

② **Berechne.**

a) $\frac{1}{4} + x = \frac{3}{4}$  b) $x + \frac{2}{5} = \frac{6}{5}$  c) $\frac{1}{3} + x = \frac{5}{9}$

d) $\frac{5}{7} - x = \frac{1}{7}$  e) $x - \frac{3}{11} = \frac{2}{22}$  f) $\frac{3}{4} + x = \frac{15}{16}$

③ **Der Inhalt einer Kiste wiegt $17\frac{1}{3}$ kg, die Kiste mit Inhalt $20\frac{3}{4}$ kg. Wie schwer ist die leere Kiste? Berechne.**

④ **Eine Schulklasse erreicht ihr Wanderziel, die Saalburg in Hessen, nach $1\frac{3}{4}$ Stunden. In der Burg hält sie sich $2\frac{3}{4}$ Stunden auf. Für den Nachhauseweg benötigen die Schülerinnen und Schüler $1\frac{1}{2}$ Stunden.**
**Wie lange dauert der Ausflug insgesamt?**
**Gib das Ergebnis in Stunden und in Minuten an.**

**Viel Erfolg!**

| **Aufgabe** | **1** | **2** | **3** | **4** | **ϕ** |
|---|---|---|---|---|---|
| **Mögliche Punkte** | | | | | |
| **Erreichte Punkte** | | | | | |

**6/5** **Name:** **Klasse:** **Datum:**

① **Berechne. Kürze die Ergebnisse vollständig und schreibe, wenn möglich, als gemischten Bruch.**

a) $\frac{3}{4} \cdot 7$  b) $\frac{15}{7} \cdot \frac{3}{5}$  c) $\frac{6}{2} \cdot \frac{4}{9}$  d) $\frac{17}{21} \cdot \frac{28}{51}$  e) $\frac{32}{50} \cdot \frac{75}{96}$

f) $1\frac{1}{2} \cdot \frac{3}{4}$  g) $3\frac{2}{3} \cdot 2\frac{2}{11}$  h) $5\frac{3}{4} \cdot 5\frac{1}{3}$  i) $5\frac{2}{3} \cdot \frac{6}{7}$  j) $1\frac{5}{3} \cdot 2\frac{3}{4}$

② **Der Schall legt $\frac{1}{3}$ Kilometer pro Sekunde zurück.**

a) Wie viele Kilometer legt er in 5 Sekunden zurück?

b) Wie viele Kilometer legt er in $\frac{1}{2}$ Sekunde zurück?

③ **Berechne. Kürze die Ergebnisse vollständig und schreibe, wenn möglich, als gemischten Bruch.**

a) $\frac{3}{4} : 7$  b) $\frac{3}{4} : \frac{5}{6}$  c) $\frac{1}{4} : \frac{1}{2}$  d) $\frac{36}{14} : \frac{27}{21}$  e) $\frac{63}{45} : \frac{49}{15}$

f) $2\frac{1}{2} : 1\frac{3}{4}$  g) $2\frac{1}{3} : 2\frac{1}{6}$  h) $6\frac{2}{9} : 5\frac{5}{6}$  i) $8\frac{3}{4} : 1\frac{1}{6}$  j) $2\frac{2}{5} : 2\frac{1}{2}$

④ **Herr Schmidt fährt die Strecke von Frankfurt nach Hamburg (504 km) in $5\frac{1}{4}$ Stunden. Wie viele Kilometer fährt er durchschnittlich pro Stunde?**

**Viel Erfolg!**

| Aufgabe | 1 | 2 | 3 | 4 | ∅ |
|---|---|---|---|---|---|
| Mögliche Punkte | | | | | |
| Erreichte Punkte | | | | | |

| Name: | Klasse: | Datum: | 6/6 |
|---|---|---|---|

① **Berechne.**

a)

| $\cdot$ | $\frac{2}{3}$ | $\frac{16}{12}$ | $\frac{9}{13}$ |
|---|---|---|---|
| $\frac{3}{4}$ | | | |
| $\frac{1}{2}$ | | | |
| 5 | | | |

b)

| $:$ | $\frac{5}{8}$ | $\frac{6}{9}$ | 4 |
|---|---|---|---|
| $\frac{3}{8}$ | | | |
| $\frac{1}{3}$ | | | |
| 2 | | | |

② **Von 781 Kindern der Grundschule Nidda kommen $\frac{4}{11}$ mit dem Bus, $\frac{5}{11}$ mit dem Fahrrad und der Rest der Kinder zu Fuß zur Schule. Wie viele Kinder fahren mit dem Bus, mit dem Fahrrad oder gehen zu Fuß?**

③ **Ein kleines Wasserglas fasst $\frac{1}{8}$ Liter. Wie viele Gläser kann man mit einer vollen $\frac{3}{4}$-Liter-Flasche füllen?**

④ **In einer Schulklasse mit 24 Schülern sind $\frac{1}{4}$ aller Schüler erkrankt. $\frac{1}{3}$ davon hat die Grippe.**

a) Wie viele Schüler sind insgesamt krank?

b) Wie viele Schüler haben die Grippe?

c) Wie hoch ist der Anteil der an Grippe erkrankten Schüler?

⑤ **Auf einer Wanderkarte wird für eine Strecke von 6 km eine Wanderzeit von $1\frac{1}{2}$ Stunden angegeben. Wie lange braucht man demnach für einen Kilometer?**

**Viel Erfolg!**

| Aufgabe | 1 | 2 | 3 | 4 | 5 | ϕ |
|---|---|---|---|---|---|---|
| Mögliche Punkte | | | | | | |
| Erreichte Punkte | | | | | | |

| 6/7 | Name: | Klasse: | Datum: |
|---|---|---|---|

① **Berechne.**

a) 6,5 + 3,4 b) 46,123 + 2,17 + 49,268

c) 35,24 – 17,65 d) 29,25 – 6,44 – 7,29

② **Ein Lastwagen wiegt beladen 17,465 Tonnen.**
**Sein Leergewicht ist 13,75 Tonnen.**
**Wie schwer ist die Ladung?**

③ **Familie Müller hat neue Vorhänge gekauft. Vervollständige die Rechnung.**

Kunde

**Gardinen Peters**

Familie Müller
Musterstraße 100
12345 Musterhausen

**Rechnung**

| Menge (m) | Warenart | Meterpreis (€) | Peis (€) |
|---|---|---|---|
| 7,15 | Gardine weiß | 6,40 | |
| 3,40 | Gardine blau | 4,70 | |
| 10,40 | Deko-Stoff rot | 12,25 | |
| | | Rechnungssumme: | |

| Name: | Klasse: | Datum: | 6/7 |
|---|---|---|---|

④ **Berechne.**

a) $1{,}46 \cdot 51$  b) $18{,}43 \cdot 6{,}58$  c) $0{,}735 \cdot 35$  d) $0{,}03 \cdot 0{,}002$

⑤ **Herr Schmidt tankt 45,5 Liter Benzin. Ein Liter kostet 1,10 €. Wie viel Euro muss er bezahlen?**

**Viel Erfolg!**

| Aufgabe | 1 | 2 | 3 | 4 | 5 | ϕ |
|---|---|---|---|---|---|---|
| Mögliche Punkte | | | | | | |
| Erreichte Punkte | | | | | | |

| 6/8 | Name: | Klasse: | Datum: |
|---|---|---|---|

① **Runde auf ...**

a) Hundertstel: 1,2589 187,7642 14 789,3504

b) Zehntel: 0,59378 89,48661 0,006978

② **Notiere jeweils 3 Zahlen zwischen:**

a) 8 und 9 b) 3,8 und 3,9 c) 0,04 und 0,05 d) 129,9 und 130

③ **Sortiere der Größe nach.**

6,55 6,555 21,88 21,879 7,00987 7,01987 26,23 26,322

④ **Wandle um in ...**

a) einen Dezimalbruch: $\frac{1}{2}$, $\frac{3}{4}$, $\frac{2}{3}$

b) eine Bruchzahl: 1,5; 0,25; 0,875

⑤ **Berechne.**

a)

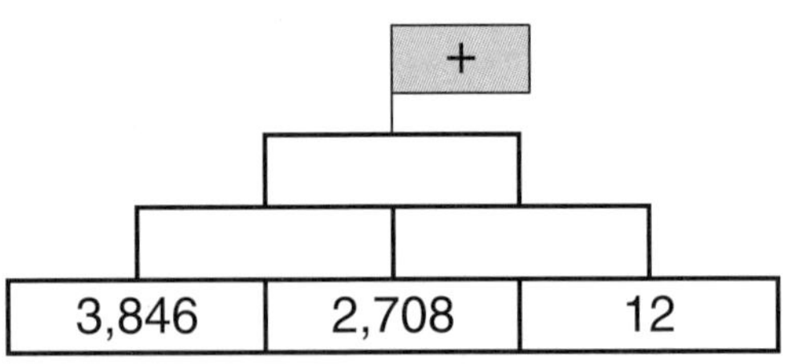


b)

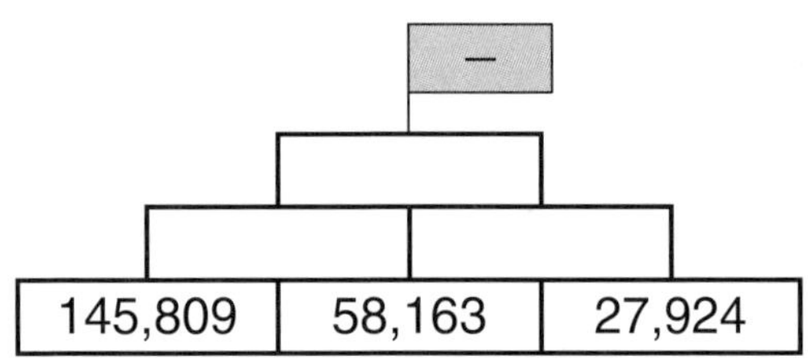


c)

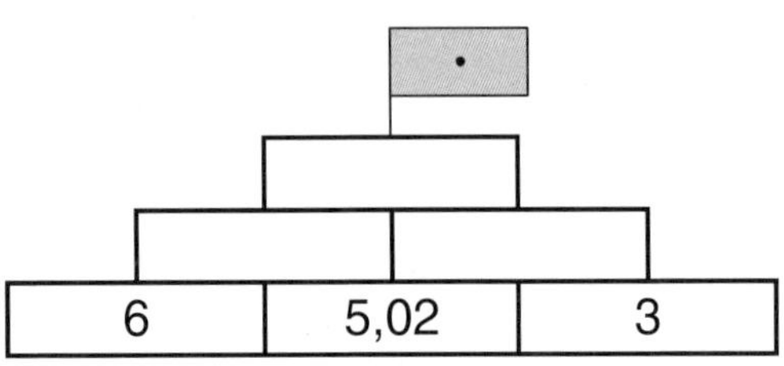


d)

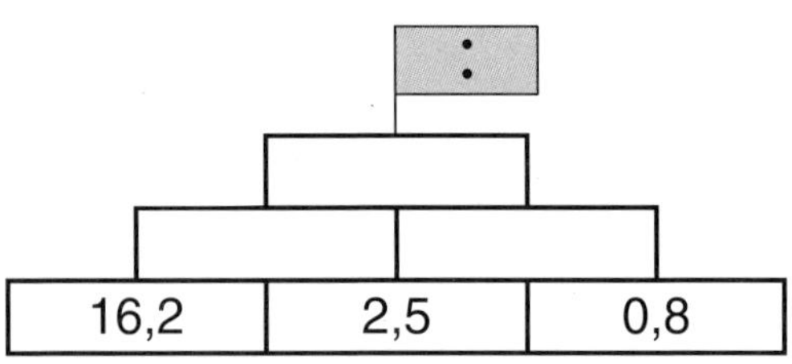


**Viel Erfolg!**

| **Aufgabe** | **1** | **2** | **3** | **4** | **5** | **ϕ** |
|---|---|---|---|---|---|---|
| **Mögliche Punkte** | | | | | | |
| **Erreichte Punkte** | | | | | | |

① **Kreuze an, bei welchen Figuren es sich um Rechtecke handelt.**

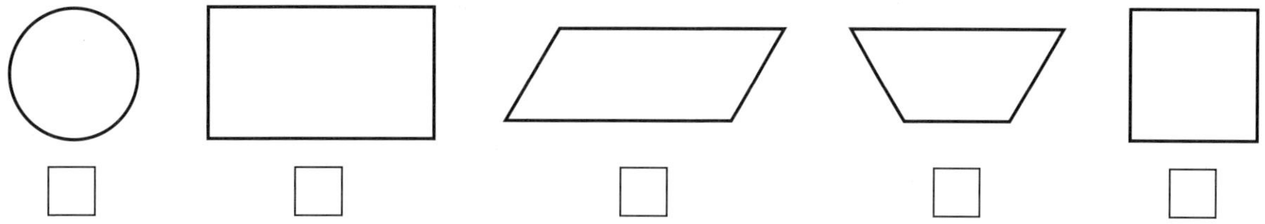

② **Berechne den Flächeninhalt der Rechtecke.**

a) $a = 5\,\text{cm}$; $b = 6\,\text{cm}$ b) $a = 23\,\text{m}$; $b = 14\,\text{m}$ c) $a = 20\,\text{cm}$; $b = 5\,\text{dm}$

③ **Berechne die Seite $a$ eines Rechtecks mit $A = 999\,\text{mm}^2$ und $b = 27\,\text{mm}$.**

④ **Berechne das Volumen der Quader ($V = a \cdot b \cdot c$).**

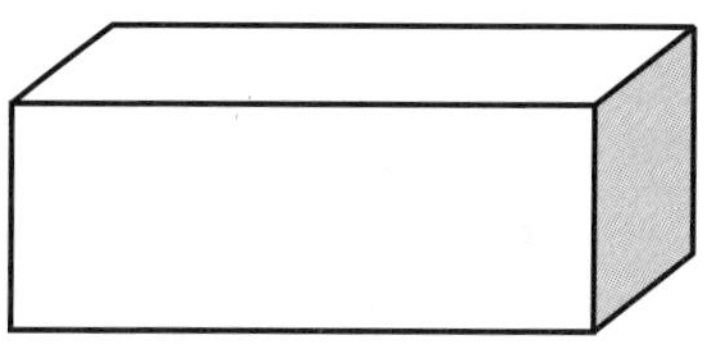

a) $a = 6\,\text{cm}$; $b = 7\,\text{cm}$; $c = 10\,\text{cm}$

b) $a = 12\,\text{dm}$; $b = 17\,\text{dm}$; $c = 24\,\text{dm}$

⑤ **Berechne die Seite $c$ eines Quaders mit $V = 4\,845\,\text{cm}^2$, $a = 15\,\text{cm}$ und $b = 17\,\text{cm}$.**

⑥ **Die abgebildete Terassenfläche soll gepflastert werden. Wie viel Euro kostet das Verlegen, wenn die Firma für $1\,\text{m}^2$ 51 € verlangt?**

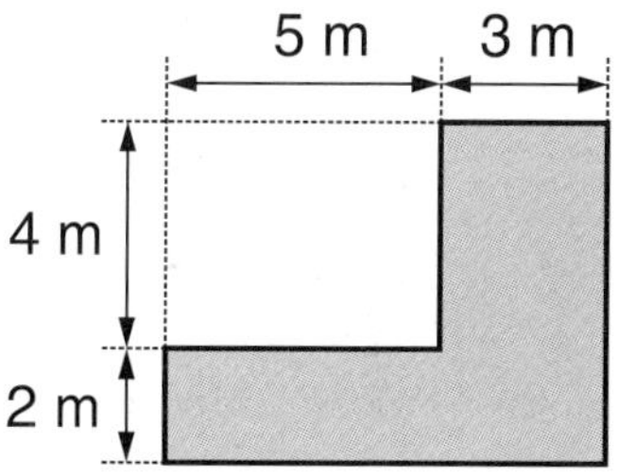


**Viel Erfolg!**

| Aufgabe | 1 | 2 | 3 | 4 | 5 | 6 | ∅ |
|---|---|---|---|---|---|---|---|
| Mögliche Punkte | | | | | | | |
| Erreichte Punkte | | | | | | | |

 **Name:** **Klasse:** **Datum:**

① **Kreuze an, ob es sich um einen spitzen (sp), rechtwinkligen (re) oder stumpfen (st) Winkel handelt!**

a) 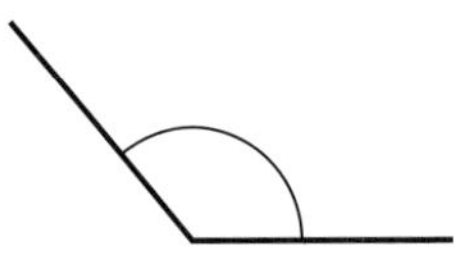

sp ☐ re ☐ st ☐

b) 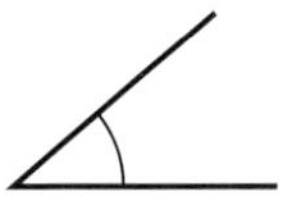

sp ☐ re ☐ st ☐

② **Zeichne folgende Winkel.**

a) $\alpha = 70°$ b) $\beta = 243°$ c) $\gamma = 90°$ d) $\delta = 154°$

③ **Zeichne die Winkelhalbierende ein.**

a) 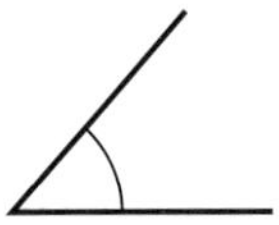

b) 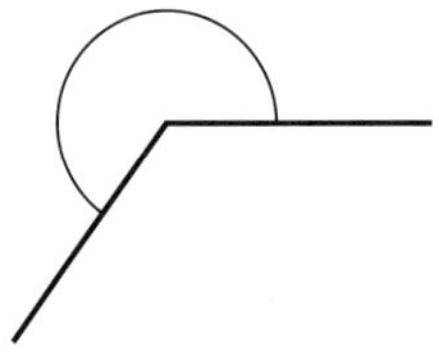

④ **Eine analoge Uhr zeigt genau 5 Uhr an. Wie groß ist der Winkel zwischen dem großen und dem kleinen Zeiger?**

⑤ **Der Stürmer Meier hat 20 Tore in der laufenden Saison markiert. Betrachte die Winkel im Kreisdiagramm und notiere, wie viele Tore er mit dem Kopf bzw. mit dem Fuß erzielt hat.**

______________________________

______________________________

______________________________

**Viel Erfolg!**

| **Aufgabe** | **1** | **2** | **3** | **4** | **5** | **ϕ** |
|---|---|---|---|---|---|---|
| **Mögliche Punkte** | | | | | | |
| **Erreichte Punkte** | | | | | | |

| Name: | Klasse: | Datum: | 7/1 |
|---|---|---|---|

① **Berechne die einzelnen Winkelgrößen.**

a)

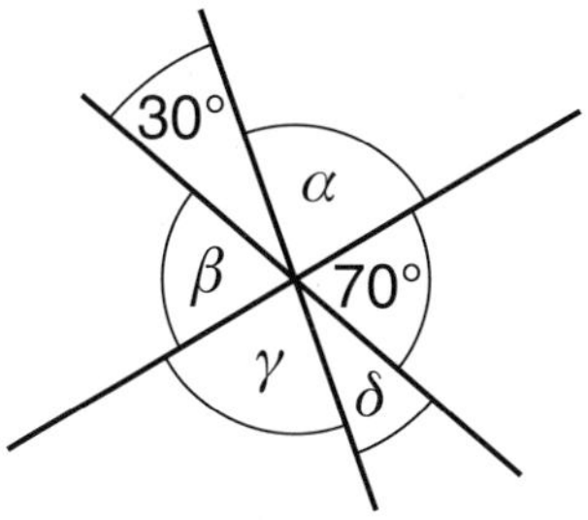


b)

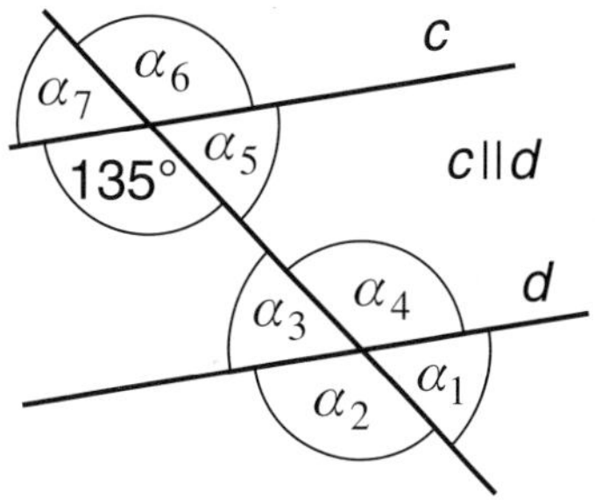


② **Berechne die gesuchten Winkel.**

a)

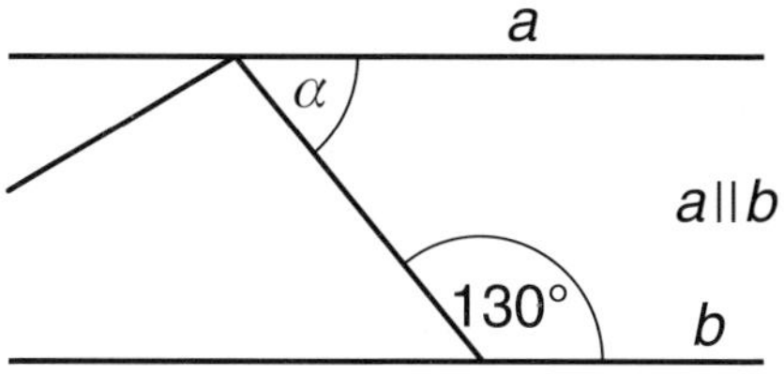


b)

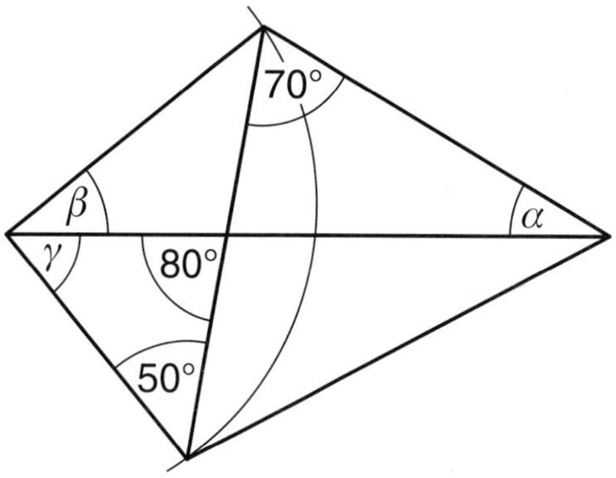


③ **Notiere die Eigenschaften von Nebenwinkeln und gegenüberliegenden Winkeln im Parallelogramm.**

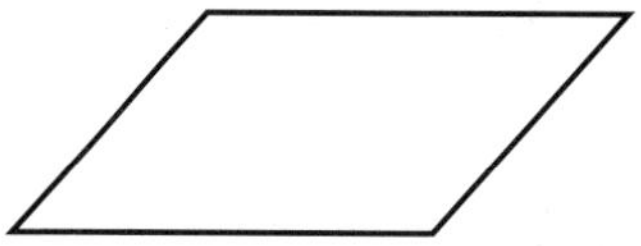

**Viel Erfolg!**

| Aufgabe | 1 | 2 | 3 | ϕ |
|---|---|---|---|---|
| Mögliche Punkte | | | | |
| Erreichte Punkte | | | | |

**7/2** **Name:** **Klasse:** **Datum:**

① **Konstruiere folgende Trapeze.**

a) $a = 5{,}5\,\text{cm}$; $b = 4{,}3\,\text{cm}$; $\beta = 80°$; $\alpha = 65°$ ($a \parallel c$)

b) $b = 5{,}6\,\text{cm}$; $a = 3{,}4\,\text{cm}$; $\beta = 53°$; $\gamma = 83°$ ($d \parallel b$)

② **Konstruiere ...**

a) ein Parallelogramm mit $a = 3\,\text{cm}$; $d = 4\,\text{cm}$; $\alpha = 70°$

b) eine Raute mit $d = 6\,\text{cm}$; $\alpha = 68°$

③ **Konstruiere folgende Dreiecke.**

a) $a = 6{,}3\,\text{cm}$; $b = 4{,}8\,\text{cm}$; $c = 7{,}5\,\text{cm}$

b) $c = 8{,}2\,\text{cm}$; $a = 5{,}8\,\text{cm}$; $\gamma = 84°$

c) $a = 7{,}4\,\text{cm}$; $\gamma = 40°$; $\beta = 83°$

④ **An den Orten *A* und *B* befinden sich Anlegestellen für ein Ausflugsschiff. Sie liegen 6,5 km auseinander. Wie weit ist das Schiff (*C*) von *B* entfernt, wenn es zu *A* in einem 27°- und zu *B* in einem 70°-Winkel steht? Fertige eine Zeichnung an (1 km $\hat{=}$ 1 cm) und bestimme daran die Entfernung von *C* zu *B*.**

⑤ **An ein Haus wird in einer Höhe von 6,50 m eine Leiter gelehnt. Der Abstand des Leiterfußes zum Haus beträgt 2,50 m. Fertige eine Zeichnung an (1 m $\hat{=}$ 1 cm) und bestimme daran die Länge der Leiter.**

**Viel Erfolg!**

| Aufgabe | 1 | 2 | 3 | 4 | 5 | ϕ |
|---|---|---|---|---|---|---|
| Mögliche Punkte | | | | | | |
| Erreichte Punkte | | | | | | |

① **Welches der abgebildeten Vierecke ist ein Trapez (T), welches ein Parallelogramm (P)? (Achtung! Bei manchen Vierecken trifft auch beides zu.)**

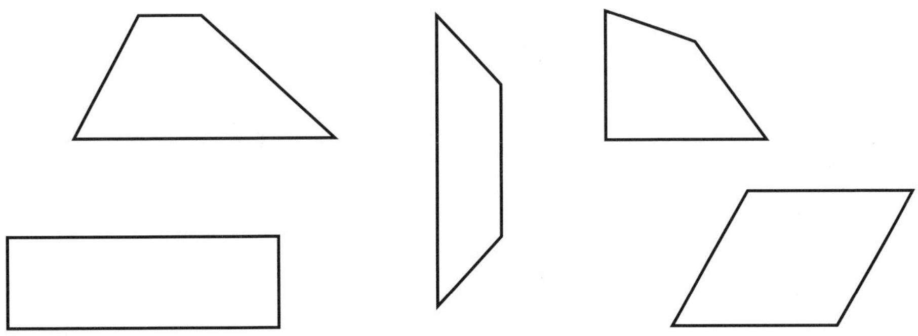

② **Wie viele Parallelogramme verstecken sich in diesem Dreieck?**

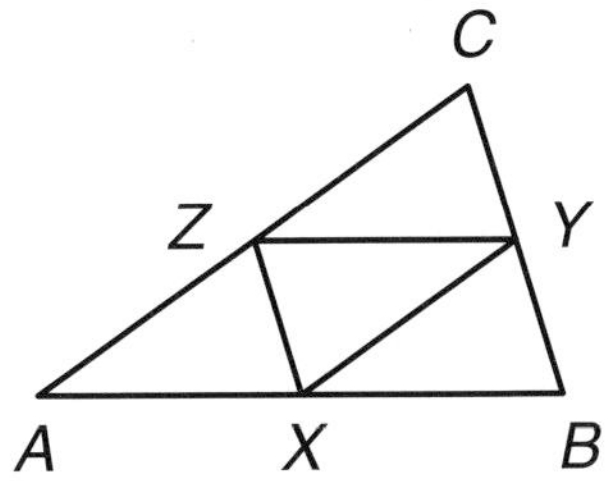


③ **Kreuze richtige Aussagen an.**

a) Jedes Rechteck ist auch ein Parallelogramm. ☐

b) Jedes Trapez ist auch ein Quadrat. ☐

c) Jedes Parallelogramm ist auch ein Trapez. ☐

d) Jedes Quadrat ist auch ein Rechteck. ☐

**Viel Erfolg!**

| **Aufgabe** | **1** | **2** | **3** | **ϕ** |
|---|---|---|---|---|
| **Mögliche Punkte** | | | | |
| **Erreichte Punkte** | | | | |

**7/4** **Name:** **Klasse:** **Datum:**

① **Zeichne zum vorgegebenen Dreieck ...**

a) den Umkreis.

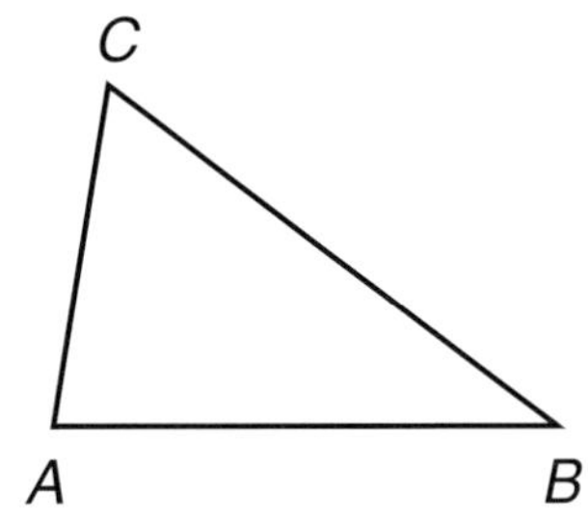


b) den Inkreis.

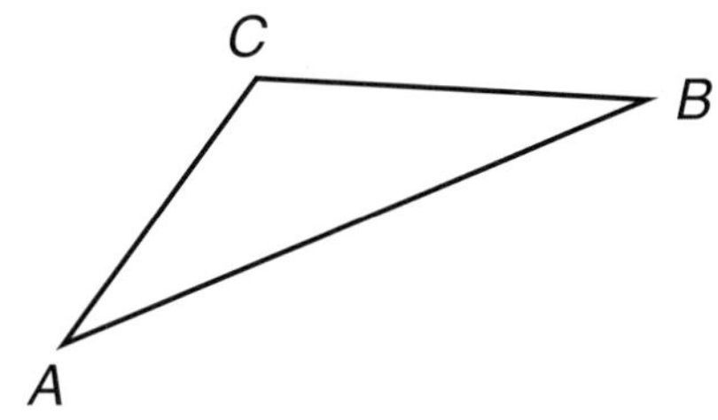


② **Für drei Ortschaften *A*, *B* und *C* wird ein gemeinsamer Sportplatz geplant. Er soll zu allen Orten den gleichen Abstand haben. Fertige eine Zeichnung an und bestimme den Standort des Sportplatzes. Folgende Abstände gelten:**

$|AB| = 4{,}6\,\text{km}$, $|AC| = 5{,}8\,\text{km}$ und $|BC| = 3{,}6\,\text{km}$ (1 km $\hat{=}$ 1 cm)

③ **Was passiert mit dem Schnittpunkt der drei Mittelsenkrechten, wenn Punkt *C* seinen Standpunkt entlang der Geraden *x* verändert und die beiden anderen Punkte am gleichen Ort bleiben? Notiere deine Vermutung.**

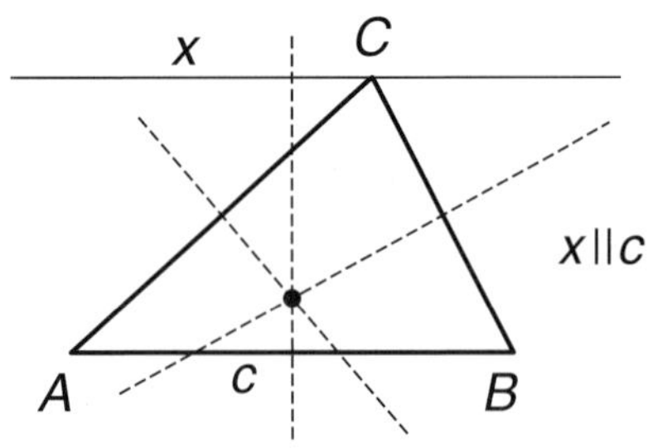


______________________________

______________________________

______________________________

**Viel Erfolg!**

| Aufgabe | 1 | 2 | 3 | ϕ |
|---|---|---|---|---|
| Mögliche Punkte | | | | |
| Erreichte Punkte | | | | |

① **Berechne Flächeninhalt und Umfang der Figuren.**

a)
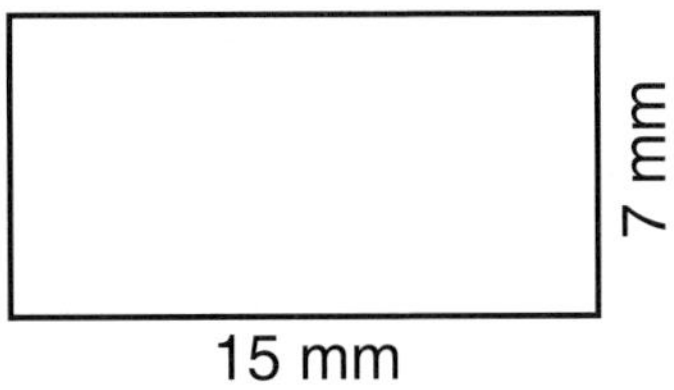


b)
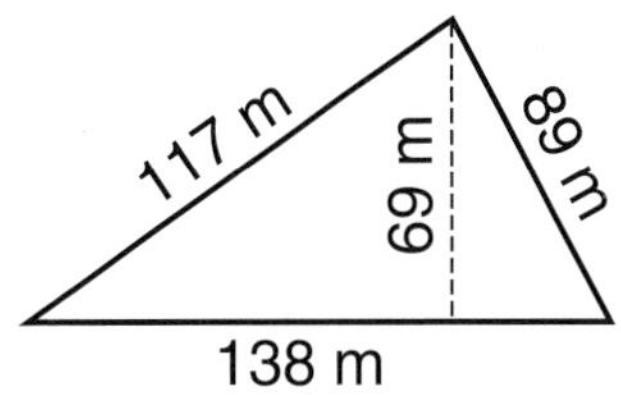


c)
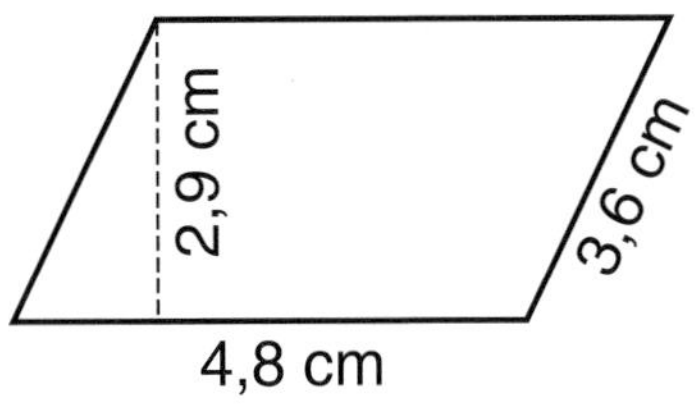


d)
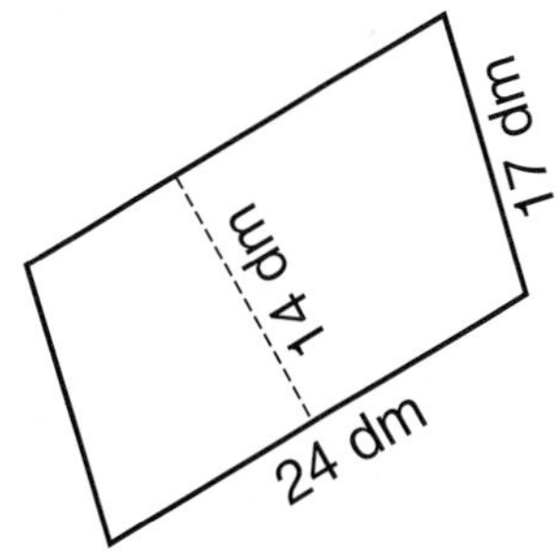


e)
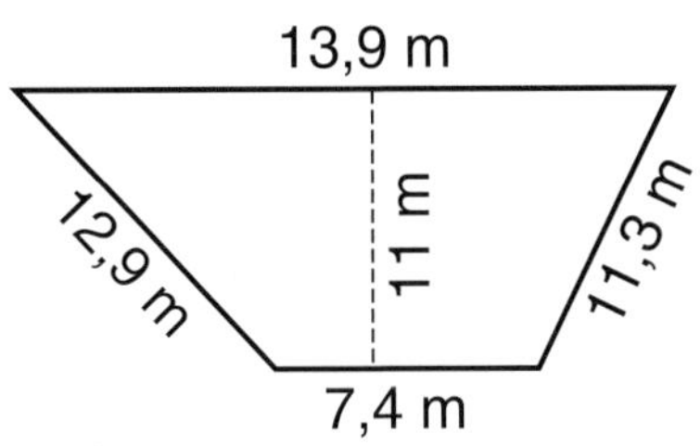


f)
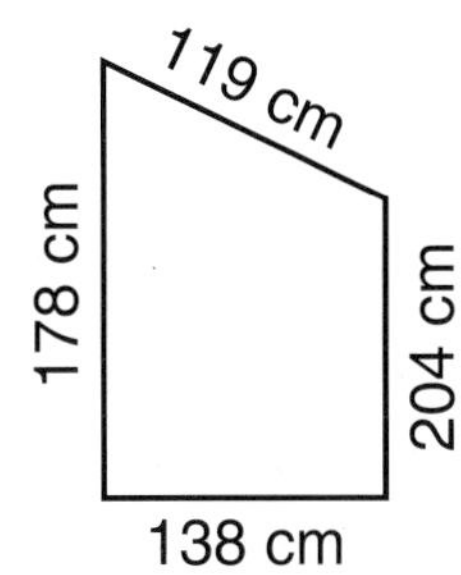


② **Berechne.**

a) Wie viel kostet das gesamte Grundstück, wenn 1 m² 175 € kostet?
(Tipp: Teile in bekannte Figuren auf.)

b) Wie viel Euro kostet der Zaun, wenn 1 m 34,50 € kostet?

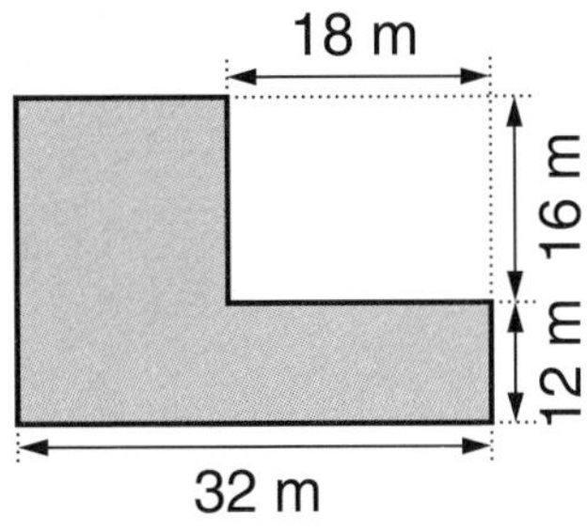

 **Name:** **Klasse:** **Datum:**

③ **Ein Giebel soll verglast werden. Berechne ...**

a) wie groß jede Scheibe ist.

b) wie viel die gesamte Verglasung kostet, wenn 1 $m^2$ 150 € kostet.

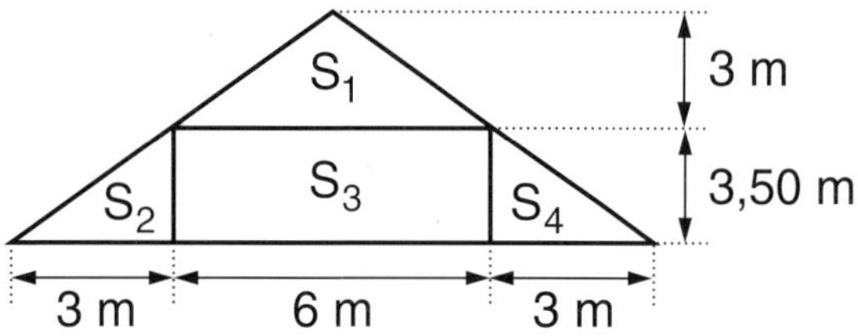


④ **Die Giebelwand des Hauses soll neu gestrichen werden. 1 $m^2$ Farbe kostet 7,50 €. Wie viel Euro muss der Hausbesitzer bezahlen? (Alle 3 Fenster sind gleich groß.)**

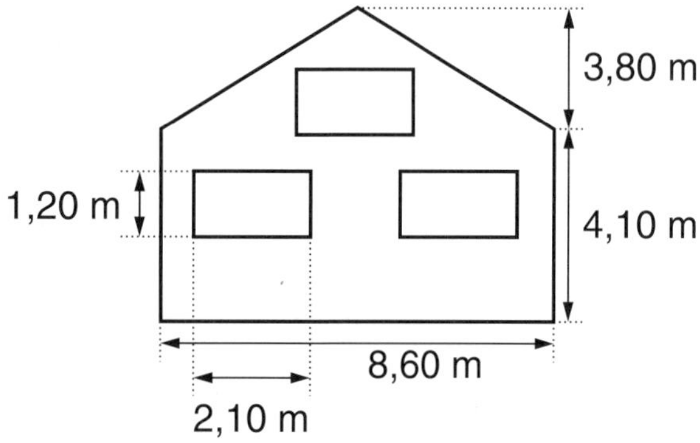


⑤ **Ein Trapez ($a \parallel c$) hat folgende Maße: $a = 4$ cm; $c = 6$ cm; $A = 17{,}25$ $cm^2$. Wie lang ist die Höhe $h$?**

**Viel Erfolg!**

| **Aufgabe** | **1** | **2** | **3** | **4** | **5** | **ϕ** |
|---|---|---|---|---|---|---|
| **Mögliche Punkte** | | | | | | |
| **Erreichte Punkte** | | | | | | |

| **Name:** | **Klasse:** | **Datum:** | **7/6** |
|---|---|---|---|

① **Berechne Umfang und Flächeninhalt der Figuren.**

a)

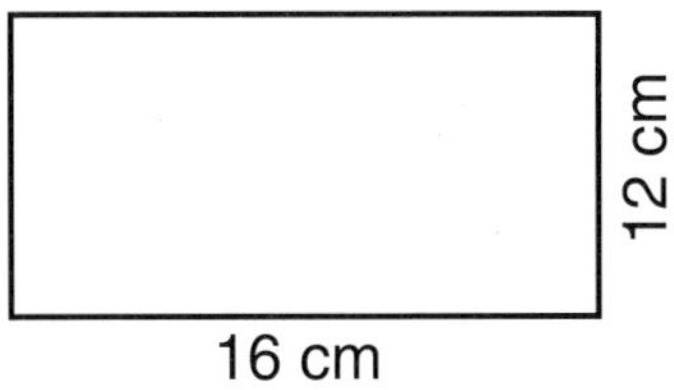


b)

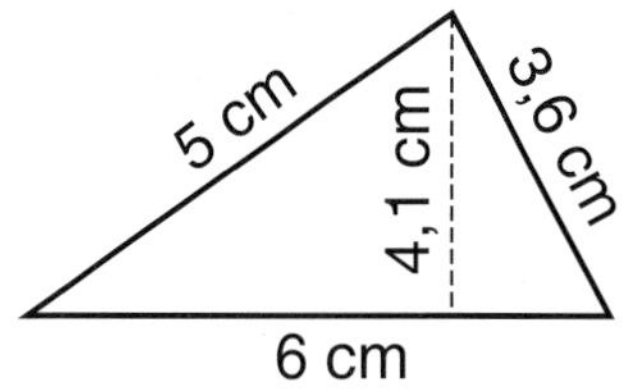


c)

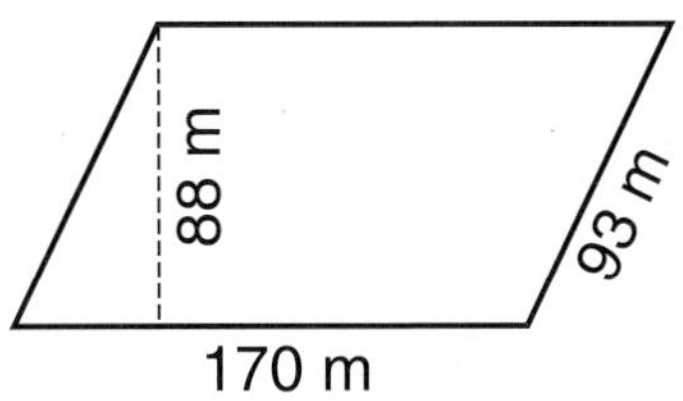


d)

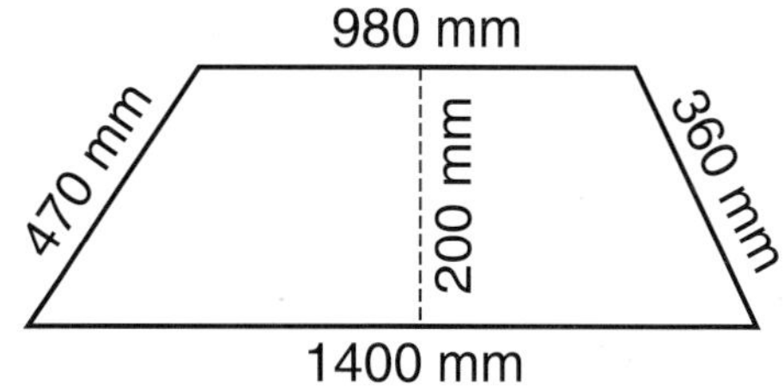


② **Berechne Fläche und Umfang des Grundstücks.**

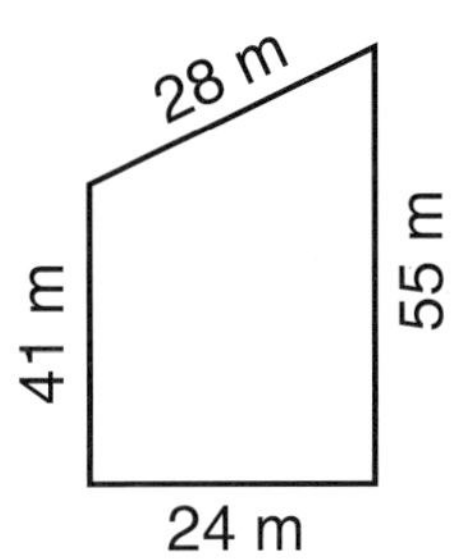


③ **Berechne die Fläche des dargestellten Grundstücks.**
**Tipp: Zerlege es in bekannte Teilstücke.**

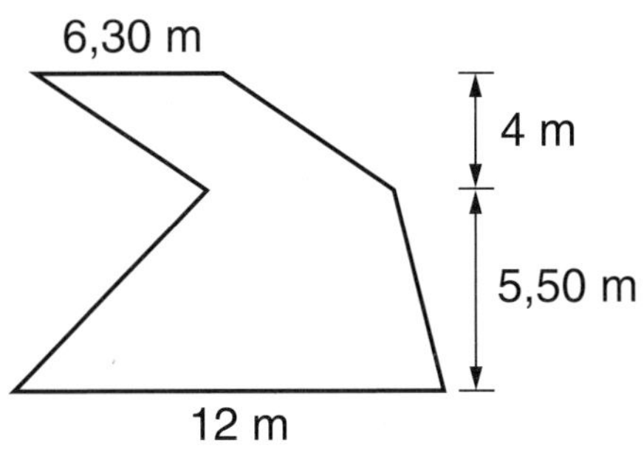

**Name:** **Klasse:** **Datum:**

④ **Berechne.**

a) Die dargestellte Gaube soll mit Holz verkleidet werden.
Wie viele Quadratmeter Holz werden benötigt?

b) An einem anderen Haus befindet sich die gleiche Gaube mit den gleichen Abmaßen. Allerdings ist dort ein rechteckiges Fenster eingebaut ($a = 1{,}20$ m; $b = 1{,}10$ m).
Wie viele Quadratmeter Holz werden hier für die Gaube benötigt (ohne Verschnitt)?

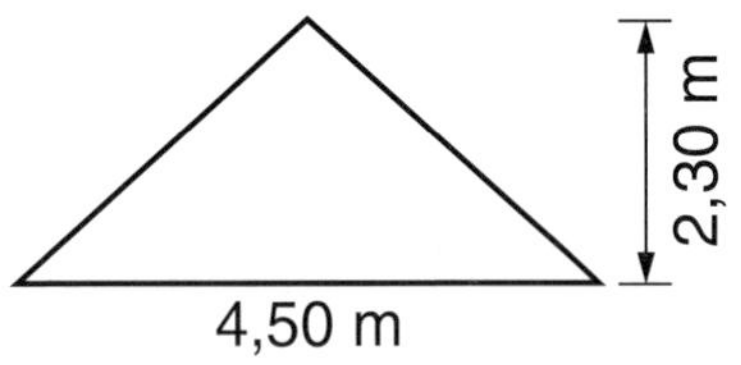


**Viel Erfolg!**

| **Aufgabe** | **1** | **2** | **3** | **4** | **ϕ** |
|---|---|---|---|---|---|
| **Mögliche Punkte** | | | | | |
| **Erreichte Punkte** | | | | | |

① **Berechne ...**

a) den Flächeninhalt und Umfang eines **Rechtecks** mit $a = 4{,}6\,\text{cm}$; $b = 3{,}5\,\text{cm}$.

b) den Flächeninhalt eines **Dreiecks** mit $c = 19\,\text{dm}$; $h_c = 4{,}8\,\text{dm}$.

c) den Flächeninhalt und Umfang eines **Parallelogramms** mit $a = 12{,}4\,\text{cm}$; $b = 8{,}9\,\text{cm}$; $h_a = 5{,}7\,\text{cm}$.

d) den Flächeninhalt eines **Trapezes** mit $a = 110\,\text{cm}$; $c = 126\,\text{cm}$; $h = 98\,\text{cm}$ ($a \parallel c$).

② **Berechne jeweils Flächeninhalt und Umfang.**

a)

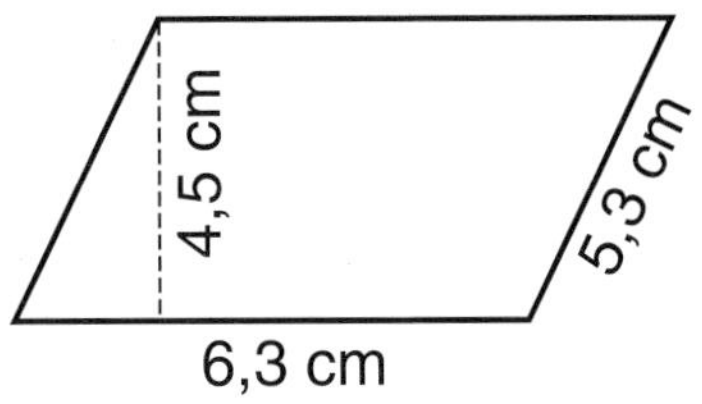


b)

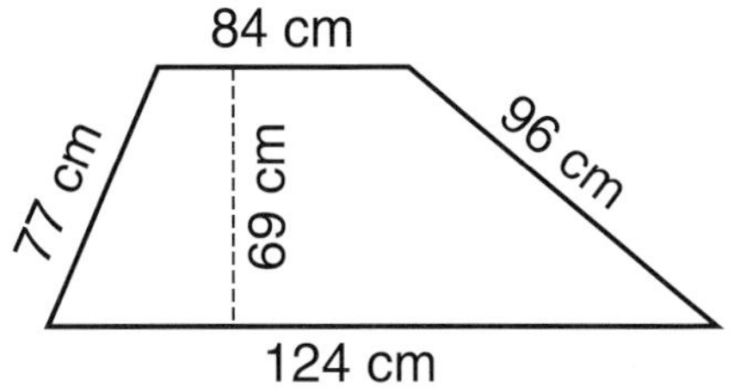


③ **Berechne die Größe der einzelnen Zimmer.**
**Wie groß ist das gesamte Stockwerk?**

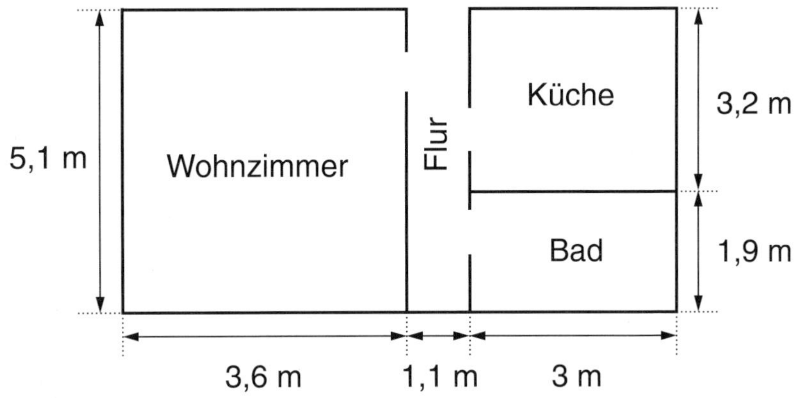


④ **Die graue Fläche stellt eine Treppenhausschräge dar.**
**Sie soll mit Holz verkleidet werden.**

a) Berechne die Größe der Treppenhausschräge.

b) 1 $m^2$ Holz kostet 21,25 €.
Berechne die Kosten für die Verkleidung.

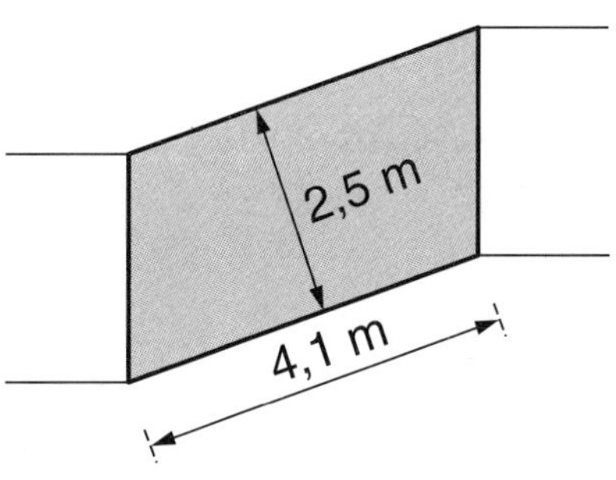

| 7/7 | Name: | Klasse: | Datum: |
|---|---|---|---|

⑤ **Die Skizze stellt den Grundriss eines Gartens dar.**

a) Berechne die Größe des Gartens.

b) Es soll Rollrasen verlegt werden. 1 $m^2$ kostet 7 €.
Wie viel Euro muss der Besitzer bezahlen?

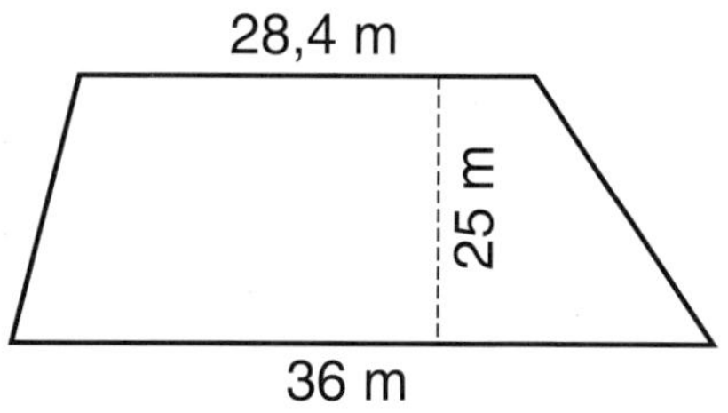


⑥ **Im Training laufen die Spieler an den Außenlinien um das Fußballfeld herum. Wie viele Meter sind sie nach 7 Runden gelaufen?**

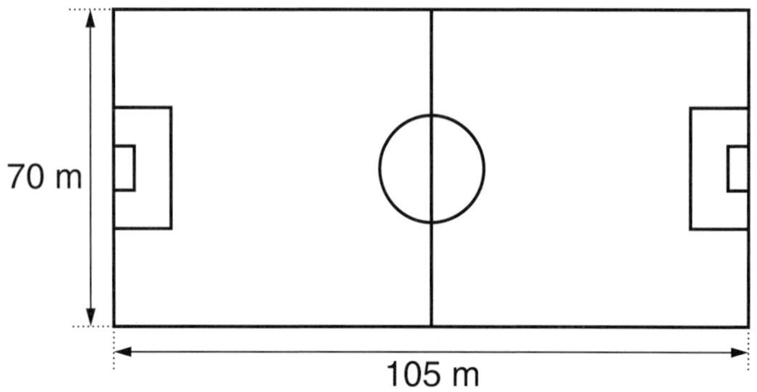


**Viel Erfolg!**

| **Aufgabe** | **1** | **2** | **3** | **4** | **5** | **6** | **Ø** |
|---|---|---|---|---|---|---|---|
| **Mögliche Punkte** | | | | | | | |
| **Erreichte Punkte** | | | | | | | |

① **Wandle zunächst in Brüche mit dem Nenner 100 um und gib diese anschließend als Prozentzahl an.**

a) $\frac{3}{20}$ b) $\frac{3}{10}$ c) $\frac{40}{400}$ d) $\frac{24}{60}$

② **Welche Prozentzahl wird durch die grauen Felder dargestellt? Schreibe zunächst als Bruch und dann als Prozentzahl.**

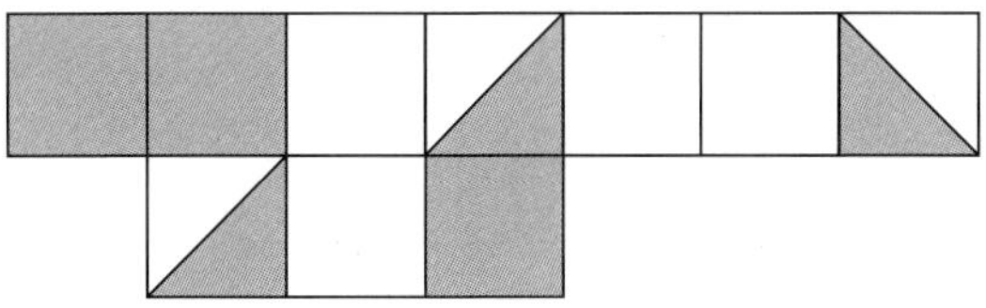

③ **Berechne fehlende Werte. Trage sie in der Tabelle ein.**

| | a) | b) | c) | d) | e) | f) | g) | h) |
|---|---|---|---|---|---|---|---|---|
| *G* | 740 € | 65 cm | | 1 575 m² | 240 m | | 1 740 € | 8 kg |
| *W* | | 45,5 cm | 75 € | | 150 m | 3,6 km | | 700 g |
| *p* % | 7 % | | 25 % | 33 % | | 7,2 % | 65 % | |

④ **Bei einer Befragung von Fernsehzuschauern wurde festgestellt: 80 % der Befragten, nämlich 320 Personen, schauen sich regelmäßig Krimis an. 120 Personen bevorzugen Unterhaltungssendungen. 95 % aller Befragten verfolgen regelmäßig Nachrichtensendungen.**

a) Wie viele Personen wurden befragt?

b) Wie viel Prozent der befragten Personen bevorzugen Unterhaltungssendungen?

c) Wie viele Personen schalten regelmäßig Nachrichtensendungen ein?

⑤ **Raucher sind stärker gefährdet an Lungenkrebs zu erkranken als Nichtraucher. In Deutschland waren im Jahr 2002 48 600 Menschen, die an Lungenkrebs gestorben sind, Raucher. Dies sind 90 % aller Menschen, die an Lungenkrebs gestorben sind. Wie viele Menschen sind insgesamt an Lungenkrebs gestorben?**

**Viel Erfolg!**

| **Aufgabe** | **1** | **2** | **3** | **4** | **5** | **ϕ** |
|---|---|---|---|---|---|---|
| **Mögliche Punkte** | | | | | | |
| **Erreichte Punkte** | | | | | | |

 **Name:** **Klasse:** **Datum:**

① **Bei einer Klassenarbeit gab es folgende Notenverteilung:**

| Note | 1 | 2 | 3 | 4 | 5 | 6 |
|---|---|---|---|---|---|---|
| Anzahl Schüler | 2 | 4 | 7 | 6 | 5 | 1 |

a) Berechne die einzelnen Prozentsätze für jede Note.
b) Zeichne ein entsprechendes Streifendiagramm (Zuordnung: Note → Anzahl Schüler).
c) Zeichne ein entsprechendes Kreisdiagramm (Zuordnung: Note → Anzahl Schüler).

② **Berechne fehlende Werte. Trage deine Ergebnisse in die Tabelle ein.**

| | a) | b) | c) |
|---|---|---|---|
| $z$ % | 3 | | 6 |
| $K$ | 19 400 € | 22 000 € | |
| $Z$ | | 440 € | 480 € |

③ **Ein PKW soll 26 800 € kosten. Da es sich um einen Vorführwagen handelt, gewährt der Händler aber 18,5 % Rabatt. Wie viel Euro muss der Kunde nun noch zahlen?**

④ **Herr Neumann wohnt in einem Dreifamilienhaus zur Miete. Er muss sich mit 35 % an den Kosten für den Wasserverbrauch beteiligen. Im letzten Jahr zahlte Herr Neumann 210 € Wassergeld.**

a) Wie hoch waren die Kosten für den Wasserverbrauch im ganzen Haus?
b) Der andere Mieter in dem Haus zahlt 180 € Wassergeld. Wie viel Prozent der Gesamtkosten sind das?
c) Die Hausbesitzerin übernimmt die restlichen Kosten. Wie viel Euro und wie viel Prozent sind das?

⑤ **Frau Schmidt will sich bei einer Bank Geld leihen. Sie vergleicht 2 Angebote. Welches ist günstiger?**

**Vielsparer Bank**
Sie bekommen 4 000 € und zahlen nach 1 Jahr insgesamt 4 350 € zurück

**Anleger Kasse**
Sie bekommen 14 600 € und zahlen nach 1 Jahr insgesamt 16 300 € zurück

**Viel Erfolg!**

| Aufgabe | 1 | 2 | 3 | 4 | 5 | ∅ |
|---|---|---|---|---|---|---|
| Mögliche Punkte | | | | | | |
| Erreichte Punkte | | | | | | |

| Name: | Klasse: | Datum: | 7/10 |
|---|---|---|---|

① **Wandle um in Brüche mit dem Nenner 100.**

a) 4 %   b) 17 %   c) 64 %   d) 133 %

② **Wandle zunächst in Brüche mit dem Nenner 100 um und gib diese anschließend als Prozentzahl an.**

a) $\frac{3}{50}$   b) $\frac{10}{20}$   c) $\frac{133}{190}$   d) $\frac{52}{80}$

③ **Welche Prozentzahl wird durch die graue Fläche dargestellt? Schreibe zunächst als Bruch und dann als Prozentzahl.**

a) 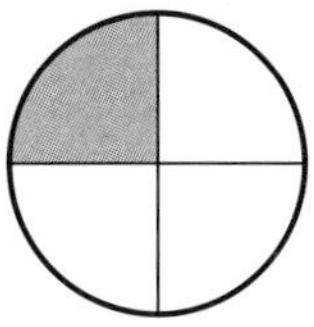

b) 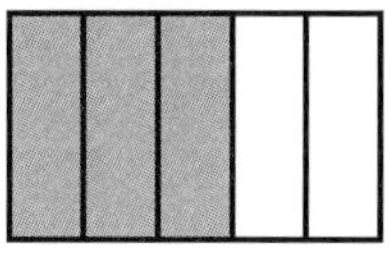

c) 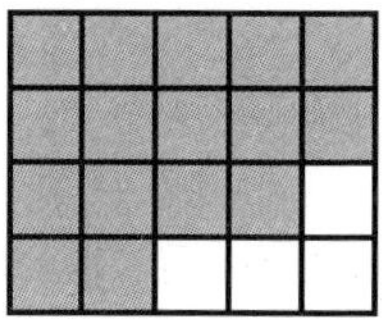

④ **Bratwurst besteht zu etwa 28 % aus Fett. Wie viele Gramm Fett sind in einer 150 g schweren Bratwurst?**

⑤ **Ein neugeborener Elefant wiegt etwa 90 kg. Er hat etwa 2 % des Gewichts von einem erwachsenen Elefanten. Wie schwer ist ein erwachsener Elefant?**

⑥ **Zwei Autohändler bieten das gleiche Auto an. Um wie viel Prozent ist Angebot 2 teurer?**

Angebot 1: 20 000 €

Angebot 2: 20 600 €

**Viel Erfolg!**

| Aufgabe | 1 | 2 | 3 | 4 | 5 | 6 | ⌀ |
|---|---|---|---|---|---|---|---|
| Mögliche Punkte | | | | | | | |
| Erreichte Punkte | | | | | | | |

**7/11** **Name:** **Klasse:** **Datum:**

① **Berechne. Trage die Ergebnisse in der Tabelle ein.**

| | a) | b) | c) |
|---|---|---|---|
| $G$ | 850 € | 55 cm | |
| $P$ | | 35,5 cm | 85 € |
| $p$ % | 6 % | | 75 % |

② **Für ein Eishockeyspiel hat der Fanclub „Bully Bully" Ermäßigung für die Fahrt und den Eintritt erhalten. Sie bezahlten insgesamt nur 120 €. Das sind 60 % des normalen Preises.**
**Wie hoch war der normale Preis?**

③ **Vervollständige die Rechnung.**

Kunde

Regina Lauert
Winterweg 22
20312 Hamburg

**PC Bedarf**
**Schneider & Co**

**Rechnung**

| Anzahl | Artikel | Einzelpreis | Gesamtpreis |
|---|---|---|---|
| 3 | Diskettenboxen | 9,30 € | |
| 5 | Pakete UWS-Papier | 11,20 € | |
| 12 | Farbbänder NEC P | 8,50 € | |
| | | Summe: | |
| | | +16 % MwSt: | |
| | | Rechnungssumme: | |

④ **Eine Musikanlage kostet netto 800 €. Darauf müssen noch 16 % Mehrwertsteuer bezahlt werden.**

a) Berechne, um wie viel Euro teurer die Musikanlage durch die Mehrwertsteuer wird.

b) Berechne den endgültigen Preis.

⑤ **Der Preis eines Produktes A wurde von 4 000 € auf 4 350 € erhöht.**
**Ein Produkt B wurde von 14 600 € auf 16 279 € erhöht.**
**Welcher Preis wurde prozentual stärker erhöht?**
**Tipp: Berechne die jeweilige prozentuale Erhöhung und vergleiche!**

**Viel Erfolg!**

| Aufgabe | 1 | 2 | 3 | 4 | 5 | ⌀ |
|---|---|---|---|---|---|---|
| Mögliche Punkte | | | | | | |
| Erreichte Punkte | | | | | | |

 **Name:** **Klasse:** **Datum:**

① **Eine Stadt setzt 4 Kehrmaschinen ein, um die Hauptstraßen in 3 Stunden zu reinigen. Wie lange würde es mit 1, 3, 6, 9 oder 12 Kehrmaschinen dauern? Lege eine Tabelle an.**

② **Ein Kleinlaster verbraucht auf 100 km etwa 12 Liter Dieselkraftstoff. Wie viel Liter verbraucht er, wenn er 460 km zurücklegt?**

③ **Theresa ist mit dem Fahrrad von Nidda nach Butzbach unterwegs. Die gesamte Strecke beträgt 36 km. Nach 40 Minuten hat sie 8 km zurückgelegt. Wie viel Zeit wird Theresa bei gleicher Geschwindigkeit noch für die restliche Strecke benötigen?**

④ **Beim 1. FC Grumbach kostet der Eintritt zum Fußballspiel auf allen Plätzen gleich viel. Kürzlich konnte sich der Kassierer bei 450 Zuschauern über Gesamteinnahmen von 3 375 € freuen.**

a) Am Spieltag davor waren nur 375 Zuschauer gekommen. Wie viel Euro hat man an diesem Tag eingenommen?

b) Beim Lokalderby gegen den 1. SC Durbach will er 4 875 € einnehmen. Wie viel Zuschauer müssen mindestens kommen?

c) Wie hoch wären dann die Gesamteinnahmen aus allen drei Spielen?

d) Wie viele Zuschauer würden dann insgesamt mindestens zu den 3 Spielen kommen?

⑤ **Gemeinde A hat ein neues Baugebiet ausgewiesen. Wenn sie es in 40 Parzellen zerteilt, wird jede 750 $m^2$ groß.**

a) Wie groß kann jeder Bauplatz werden, wenn 25 Parzellen auf dem Baugebiet abgesteckt werden?

b) Wie viele Bauplätze ergeben sich bei einer Parzellengröße von je 500 $m^2$?

---

**Viel Erfolg!**

| Aufgabe | 1 | 2 | 3 | 4 | 5 | ∅ |
|---|---|---|---|---|---|---|
| Mögliche Punkte | | | | | | |
| Erreichte Punkte | | | | | | |

Name: Klasse: Datum: **7/13**

① **Fülle alle leeren Felder aus.**

| Gewicht in g | Preis in € |
|---|---|
| 200 | 4 |
| 600 | |
| 800 | |
| | 36 |

| Fläche in $m^2$ | Preis in € |
|---|---|
| 120 | 18 000 |
| 40 | |
| 37 | |
| | 21 750 |

② **Für eine Strecke von 550 km verbraucht das Auto von Herrn Schnell 44 Liter Benzin.**

a) Für wie viele Kilometer reicht eine ganze Tankfüllung (64 Liter)?

b) Demnächst muss Herr Schnell eine Strecke von 420 km fahren.
Wie viel Liter Benzin wird er verbrauchen?

③ **Peters Lastwagen ist in 3 Stunden (h) 180 km gefahren.**

a) Mit welcher durchschnittlichen Geschwindigkeit (in km/h) ist der LKW gefahren?

b) Welche Entfernung legt er bei gleicher Geschwindigkeit in 6 Stunden zurück?

④ **Stelle die Zuordnung in einem Schaubild dar.**

| Gewicht in g | Preis in € |
|---|---|
| 0 | 0 |
| 200 | 4 000 |
| 400 | 8 000 |
| 800 | 16 000 |

 Name: Klasse: Datum:

⑤ **Bei der Telefongesellschaft „Telefonprofi“ hat Peter folgenden Vertrag abgeschlossen: Grundgebühr 9,50 €. Kosten für 1 Einheit 0,15 €. Fülle die Tabelle entsprechend aus.**

| Verbrauchte Einheiten | Gesamtkosten in € |
|---|---|
| 25 | |
| 200 | |
| 300 | |
| 450 | |

⑥ **Ein Fußballfeld hat folgende Abmaße: 80 m × 45 m. Um den Rasen mit Gras einzusäen, werden 150 g Samen benötigt. Ein anderer Sportplatz hat die Maße 60 m × 50 m. Wie viele Gramm Samen werden dort benötigt?**

**Viel Erfolg!**

| **Aufgabe** | 1 | 2 | 3 | 4 | 5 | 6 | ϕ |
|---|---|---|---|---|---|---|---|
| **Mögliche Punkte** | | | | | | | |
| **Erreichte Punkte** | | | | | | | |

| Name: | Klasse: | Datum: | 7/14 |
|---|---|---|---|

① **Die vorliegende Zuordnung ist antiproportional.**
**Fülle die leeren Felder der Tabelle aus.**

| Anzahl Pferde | Futtervorrat hält ... Tage |
|---|---|
| 60 | 72 |
| 40 | |
| | 160 |

② **600 kg Zuckerrüben enthalten ca. 100 kg Zucker.**

a) Wie viel Zucker gewinnt man aus 1 450 kg Zuckerrüben?

b) Es werden 3 425 kg Zucker benötigt, wie viel Kilogramm Zuckerrüben braucht man dafür?

③ **Pension „ASTORIA" bietet Übernachtungen mit Frühstück an und verlangt für 14 Tage 448 € pro Person. Welchen Betrag müsste eine vierköpfige Familie für einen Ferienaufenthalt von 3 Wochen bezahlen?**

④ **5 Planierraupen benötigen zum Einebnen einer Fläche 24 Stunden.**
**Nach 6 Stunden Arbeit kommen noch 4 Planierraupen dazu. Wie lange brauchen die insgesamt 9 Planierraupen für die restliche Arbeit?**

**Viel Erfolg!**

| Aufgabe | 1 | 2 | 3 | 4 | ∅ |
|---|---|---|---|---|---|
| Mögliche Punkte | | | | | |
| Erreichte Punkte | | | | | |

 Name: Klasse: Datum:

① **Berechne alle fehlenden Werte.**

a)

| Gewicht in g | Preis in € |
|---|---|
| 9 | 12,15 |
| 12 | |
| 17 | |
| 23 | |
| | 51,30 |

b)

| Anzahl Bauarbeiter | Arbeitszeit in Stunden |
|---|---|
| 4 | 10 |
| 5 | |
| 16 | |
| 18 | |
| | 4 |

② **In einem Rezeptbuch findet sich folgende Angabe:**

*Züricher Nudelsalat für 4 Personen*

*270 g Nudeln* — *120 g Mini-Champignons*
*160 g gekochten Schinken* — *170 g Emmentaler*
*120 g Möhren* — *100 g Erbsen*

**Wie müssen die Mengen der einzelnen Zutaten verändert werden, damit es für 6 Personen ausreicht?**

③ **Fülle die Tabelle so aus, dass der Flächeninhalt der Rechtecke trotz unterschiedlicher Längen immer gleich bleibt.**

| Seite $a$ in cm | Seite $b$ in cm |
|---|---|
| 8 | 2 |
| 4 | |
| 18 | |
| 30 | |

④ **Herr Lorenz will sich für den Umzug einen Kleintransporter leihen. Die Leihfirma verlangt dafür eine Grundgebühr von 46 €. Für jeden gefahrenen Kilometer muss man zusätzlich 0,14 € zahlen.**

a) Wie hoch ist die Leihgebühr, wenn man 60 km, 120 km oder 250 km gefahren ist?

b) Ein anderer Kunde musste 53 € bezahlen. Wie viele Kilometer ist er gefahren?

**Viel Erfolg!**

| Aufgabe | 1 | 2 | 3 | 4 | ∅ |
|---|---|---|---|---|---|
| Mögliche Punkte | | | | | |
| Erreichte Punkte | | | | | |

**Name:** **Klasse:** **Datum:** **7/16**

① **Frau Meier notiert am Monatsende immer ihren Kontostand.**

a) Nummeriere die Kontostände ihrer Höhe nach durch.
Beginne mit dem höchsten Stand.

b) Um wie viel Euro hat sich ihr Kontostand zwischen den einzelnen Monaten vergrößert/verkleinert?

| Monat | Januar | Februar | März | April | Mai |
|---|---|---|---|---|---|
| Kontostand | +900 € ☐ | +650 € ☐ | −30 € ☐ | −280 € ☐ | +130 € ☐ |

② **Gib an, ob die Aussagen wahr (w) oder falsch (f) sind.**

a) $|-6| < |-3|$ ____ b) $-6 < -3$ ____ c) $4 > |-8|$ ____

d) $|-5| > 0$ ____ e) $-2{,}35 < -2{,}36$ ____ f) $-0{,}4 > -0{,}5$ ____

g) $-\frac{2}{3} > -\frac{1}{3}$ ____ h) $|-\frac{2}{3}| < |-\frac{1}{3}|$ ____ i) $|15| > -16$ ____

③ **Zeichne eine Zahlengerade von −4 bis +4.**
**Trage folgende Zahlen in die Gerade ein:**

2,5; −1,5; 1,3; −3,25; $-\frac{1}{2}$; 3,2; $\frac{1}{4}$; −2,5

④ **Zeichne ein Koordinatensystem (Einheit 1 cm). Trage die Punkte ein und verbinde sie in der angegebenen Reihenfolge.**

a) $A(-1, -3)$, $B(2, -5)$, $C(5, -3)$, $D(5, 1)$, $E(2, 3)$, $F(-1, 1)$
Reihenfolge: $A$, $B$, $C$, $D$, $E$, $F$, $A$

b) $A'(-2, -3)$, $B'(2, -3)$, $C'(2, 1)$, $D'(-2, 1)$, $E'(0, 4)$
Reihenfolge: $A'$, $B'$, $C'$, $A'$, $D'$, $C'$, $E'$, $D'$

**7/16 Name: Klasse: Datum:**

⑤ **Berechne.**

a) $(-13) + (+21)$

$(+24) - (+17)$

$(+3{,}6) - (-9{,}7)$

$\left(+\frac{1}{2}\right) - (-6)$

b) $(+4) - (+7)$

$(-6) + (-8)$

$(-7{,}4) - (+3{,}3)$

$\left(+\frac{3}{4}\right) - \left(+6\,\frac{1}{4}\right)$

c) $(+12) + (+24)$

$(-15) - (-43)$

$(-6{,}8) + (-8{,}8)$

$\left(-\frac{2}{3}\right) - \left(\frac{3}{9}\right)$

⑥ **Yannik und Jonas sind verabredet. Yannik kommt 7 Minuten zu früh, Jonas 8 Minuten zu spät. Wie lange muss Yannik auf Jonas warten?**
**Tipp: Löse mithilfe einer Subtraktionsaufgabe.**

**Viel Erfolg!**

| Aufgabe | 1 | 2 | 3 | 4 | 5 | 6 | ϕ |
|---|---|---|---|---|---|---|---|
| Mögliche Punkte | | | | | | | |
| Erreichte Punkte | | | | | | | |

**Name:** **Klasse:** **Datum:** **7/17**

① **Berechne.**

a) $(-3) \cdot (+7)$  b) $-(-10)$  c) $3{,}5 \cdot (-1)$

d) $(-4) \cdot (-0{,}5)$  e) $(-72) : 8$  f) $\left(-\frac{1}{2}\right) \cdot \frac{4}{3}$

g) $(-2)^2$  h) $\left(-\frac{1}{10}\right)^2$  i) $(-108) : (-9)$

② **Berechne.**

a) $(-9)^2 + 13$  b) $[(-5) + (-3)] \cdot (-6)$

c) $(-4{,}6) \cdot (-2) - 3{,}7 \cdot (-3)$  d) $(-7 + 5) \cdot 3$

e) $(19 + 22 - 28) : (-25)$  f) $[5 - ((-3) + (-4))] \cdot (-1)$

③ **Setze für *x* eine Zahl ein, sodass eine wahre Aussage entsteht.**

a) $3{,}5 \cdot x = -7$  b) $x \cdot (-2{,}5) = 6{,}25$  c) $\frac{x}{2} = -16$

④ **Berechne.**

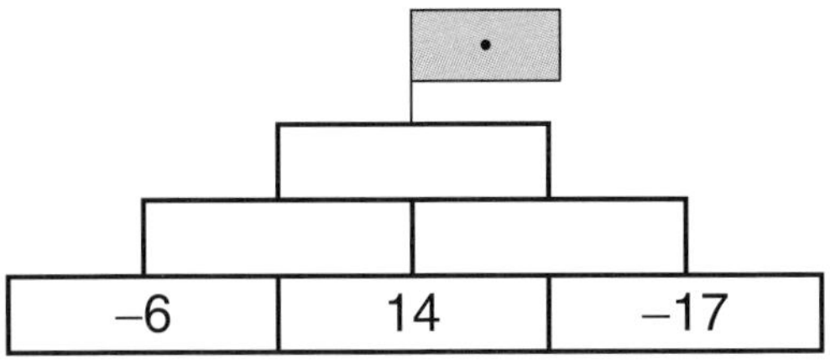


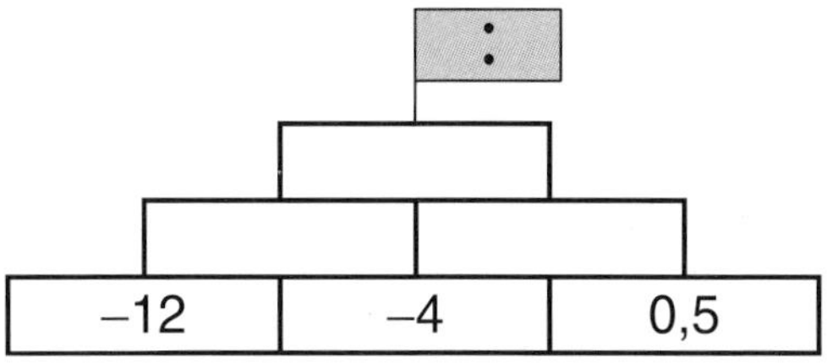


**Viel Erfolg!**

| Aufgabe | 1 | 2 | 3 | 4 | ∅ |
|---|---|---|---|---|---|
| Mögliche Punkte | | | | | |
| Erreichte Punkte | | | | | |

**8/1** **Name:** **Klasse:** **Datum:**

① **Welche der Zuordnungen sind Funktionen? Begründe.**

Gewicht ⟶ Person

Person ⟶ Gewicht

② **Lege eine Wertetabelle an und zeichne den Funktionsgraphen.**
**Setze für $x$ folgende Zahlen ein: $-4$, $-3$, $-\frac{1}{2}$, 0, 1,5, 2.**

a) $y = 4x - 3$ b) $y = -\frac{2}{5}x + 3$

③ **Überprüfe, ob folgende Punkte auf der Geraden mit der Gleichung $y = -5x - 2$ liegen.**

$P_1(2; -12)$ $P_2(0; -7)$ $P_3(4; 22)$ $P_4(-2; -8)$ $P_5(\frac{1}{6}; -\frac{17}{6})$

④ **Berechne die fehlenden Koordinaten zur Gleichung $4y = 12x - 16$.**

a) $P_1(-3; \square)$ b) $P_2(2; \square)$ c) $P_3(\square; 5)$ d) $P_4(\square; -2)$

⑤ **Für 500 g Rehbraten muss man 65 € bezahlen.**

a) Bestimme die Zuordnungsvorschrift für Gewicht in g ⟶ Preis in €.

b) Wie viel Euro muss man für 350 g, 80 g und für 9 350 g Rehbraten bezahlen?

**Viel Erfolg!**

| **Aufgabe** | **1** | **2** | **3** | **4** | **5** | **ϕ** |
|---|---|---|---|---|---|---|
| **Mögliche Punkte** | | | | | | |
| **Erreichte Punkte** | | | | | | |

| **Name:** | **Klasse:** | **Datum:** | **8/2** |
|---|---|---|---|

① **Lege eine Wertetabelle an und zeichne den Funktionsgraphen.**
**Setze für $x$ folgende Zahlen ein: $-4$, $-3$, $-2{,}5$, $0$, $\frac{1}{2}$, $1$, $2$, $3$, $4$.**

a) $y = 2x + 3$ b) $y = -\frac{1}{5}x + 2$

② **Zeichne folgende Funktionsgraphen.**

a) $y = 2x$ b) $y = -4x$ c) $y = \frac{1}{2}x + 1$

③ **Bestimme die Funktionsgleichungen für die Geraden, die durch folgende Punkte verlaufen:**

a) $P_1(0; -4)$, $P_2(2; 4)$ b) $P_1(5; 6)$, $P_2(1; 2)$ c) $P_1(-2; 0)$, $P_2(4; 2)$

④ **Janina bezahlt für ihren Telefonanschluss eine Grundgebühr von 24,75 €. Für eine Einheit muss sie 0,02 € bezahlen.**

a) Notiere die dazugehörige Funktionsgleichung.

b) Berechne die monatlichen Gesamtkosten für 150, 240 und 400 Einheiten.

⑤ **Notiere die beiden dazugehörigen Funktionsgleichungen.**

a)

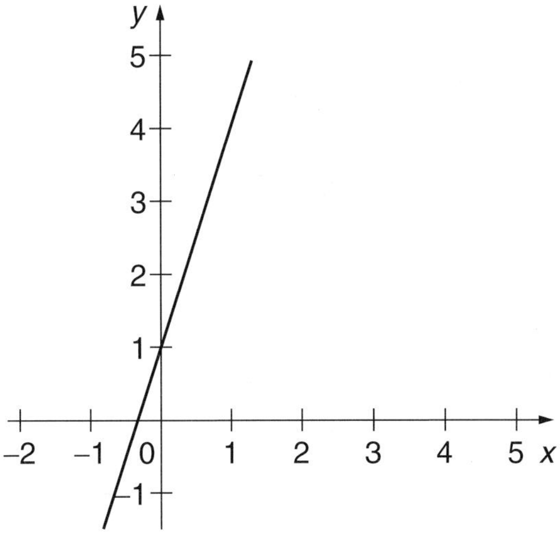


b)

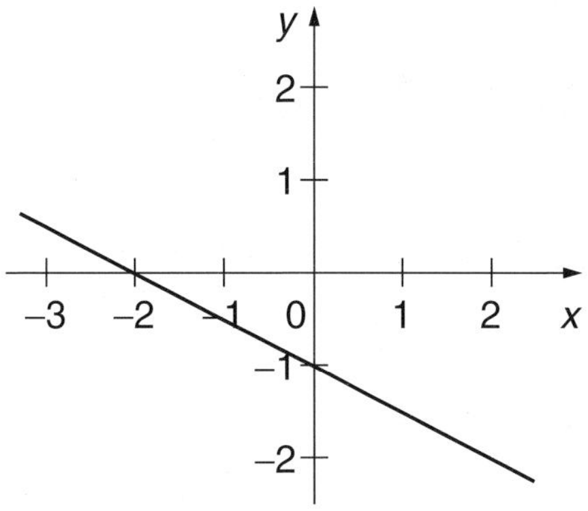


**Viel Erfolg!**

| Aufgabe | 1 | 2 | 3 | 4 | 5 | ⌀ |
|---|---|---|---|---|---|---|
| Mögliche Punkte | | | | | | |
| Erreichte Punkte | | | | | | |

| 8/3 | Name: | Klasse: | Datum: |
|---|---|---|---|

① **Notiere die Formel zur Bestimmung der Steigung $m$ aus den beiden Punkten: $P_1(x_1, y_1)$, $P_2(x_2, y_2)$.**

② **Bestimme die Funktionsgleichung zu den Wertetabellen.**

| Werte für $x$ | Werte für $y$ |
|---|---|
| −2 | 2 |
| −1 | 4 |
| 0 | 6 |
| 1 | 8 |
| 2 | 10 |

| Werte für $x$ | Werte für $y$ |
|---|---|
| −2 | 4 |
| −1 | 2,5 |
| 0 | 1 |
| 1 | −0,5 |
| 2 | −2 |

③ **Bestimme die Funktionsgleichungen.**

a) $m = 3$; $P(2; 8)$ b) $m = -2$; $P(-2; 3)$ c) $m = -\frac{1}{2}$; $P(1; 0)$

④ **Kreuze richtige Aussagen an.**

a) Je größer die Steigung $m$, desto steiler verläuft die Funktionsgerade nach oben. ☐

b) Der Achsenabschnitt $b$ gibt den Schnittpunkt der Geraden mit der $x$-Achse an. ☐

c) Ist die Steigung $m$ negativ, so fällt die Funktionsgerade für steigende $x$-Werte. ☐

d) Der Achsenabschnitt $b$ gibt den Schnittpunkt der Geraden mit der $y$-Achse an. ☐

⑤ **Gegeben sind die Geraden $y = 8x - 6$ und $y = 2x + 4$.**
**Ist der Punkt $P(1; -2)$ Schnittpunkt dieser beiden Geraden?**
**Überprüfe die Aussage zeichnerisch und rechnerisch.**

**Viel Erfolg!**

| Aufgabe | 1 | 2 | 3 | 4 | 5 | ⌀ |
|---|---|---|---|---|---|---|
| Mögliche Punkte | | | | | | |
| Erreichte Punkte | | | | | | |

| Name: | Klasse: | Datum: | 8/4 |
|---|---|---|---|

① **Beweise die drei binomischen Formeln durch ausmultiplizieren.**

a) $(x - y)^2$ b) $(x + y)^2$ c) $(x + y)(x - y)$

② **Löse folgende Gleichungen.**

a) $(x + 1)(x - 2) = (x + 3)(x - 1)$

b) $7(3x + 1) = 3x + 124 + 5x$

c) $(x + 4)^2 - (x + 5)^2 = 4(x + 3) - 51$

d) $4(x - 2)^2 + 5 = (7 - 2x)^2 + 116$

③ **Löse mithilfe der binomischen Formeln.**

a) $(y + 3)^2$ b) $(y - 4)^2$ c) $(y - 8)(y + 8)$

④ **Beweise die erste binomische Formel anhand dieser Zeichnung (Tipp: Flächeninhalt).**

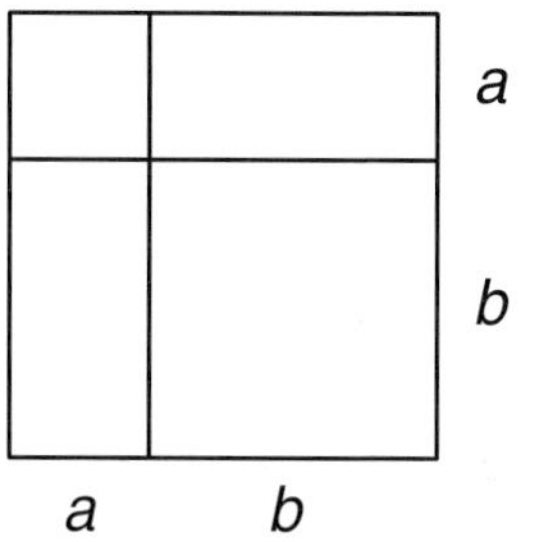


**Viel Erfolg!**

| Aufgabe | 1 | 2 | 3 | 4 | ∅ |
|---|---|---|---|---|---|
| Mögliche Punkte | | | | | |
| Erreichte Punkte | | | | | |

**8/5** **Name:** **Klasse:** **Datum:**

① **Rechne im Kopf. Zerlege dazu die Aufgaben mithilfe der dritten binomischen Formel.**

a) $41 \cdot 39 =$ ____________________

b) $199 \cdot 201 =$ ____________________

c) $47 \cdot 53 =$ ____________________

② **Berechne die Lücken.**

a) $x^2 + \square + y^2 = (x + y)^2$

b) $g^2 - \square + 9 = (g \square 3)^2$

c) $36u^2 - \square + q^2 = (\square - q)^2$

d) $e^2 + \square + 81v^2 = (\square + \square)^2$

③ **Löse mithilfe der binomischen Formeln.**

a) $(x + 1)^2$

b) $(y - 0{,}5)^2$

c) $(3s + 4) \cdot (3s - 4)$

④ **Beweise die zweite binomische Formel mithilfe der Zeichnung (Tipp: Flächeninhalt).**

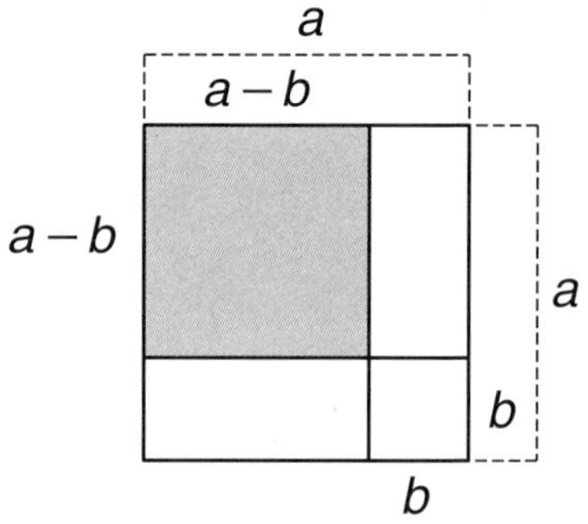


**Viel Erfolg!**

| Aufgabe | 1 | 2 | 3 | 4 | ⌀ |
|---|---|---|---|---|---|
| Mögliche Punkte | | | | | |
| Erreichte Punkte | | | | | |

| Name: | Klasse: | Datum: | 8/6 |
| --- | --- | --- | --- |

① **Fasse zusammen.**

a) $2 \cdot x + 3 \cdot x + 6 + 3$  b) $y + 5 + 4 \cdot y + 9$  c) $3 \cdot a + 2 \cdot a + 8 - 6$

d) $2 \cdot w + 8 - w - 5$  e) $3 \cdot x \cdot 2$  f) $2 \cdot x \cdot 4 + 3 \cdot x \cdot 5$

② **Setzte die Zahlen für die Variablen ein und berechne den Termwert.**

a) $x = 4$: $5 \cdot x + 7$  b) $y = 9$: $6 \cdot y - 5$  c) $a = 6$: $0{,}5 \cdot 40 - 2 \cdot a$

d) $x = 5$; $y = 6$: $3 \cdot x + 7 \cdot y$  e) $a = 3$; $b = 2$: $2{,}5 \cdot a - b \cdot 0{,}75$

③ **Löse die Gleichung.**

a) $14 + x = 32$  b) $3 \cdot y = 72$  c) $4 \cdot d + 1 = 9$

d) $45 = 2 \cdot x + 7$  e) $26 = \frac{c}{2} + 20$  f) $5 \cdot x + 3 \cdot x + 2 = 18$

④ **Umfang des Rechtecks**

a) Stelle eine Gleichung zur Berechnung des Umfangs $U$ auf.

b) Wie lang ist die Seite $b$, wenn $a = 5\,\text{cm}$ und $U = 32{,}5\,\text{cm}$ lang sind.

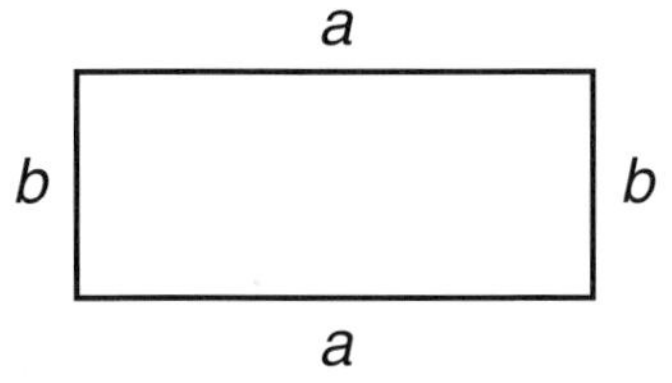


⑤ **Stelle einen Term zur Berechnung des Umfangs $U$ auf.**
**Setze dann $x = 7\,\text{cm}$ ein und berechne den Termwert.**

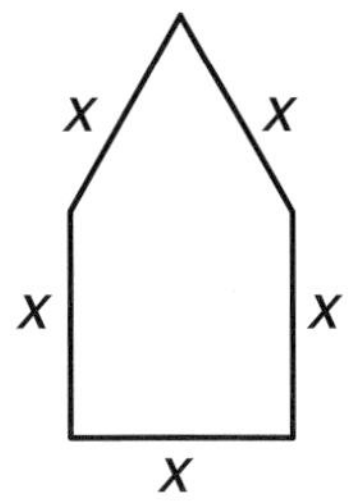


**Viel Erfolg!**

| Aufgabe | 1 | 2 | 3 | 4 | 5 | ∅ |
| --- | --- | --- | --- | --- | --- | --- |
| Mögliche Punkte | | | | | | |
| Erreichte Punkte | | | | | | |

**8/7** **Name:** **Klasse:** **Datum:**

① **Löse folgende Gleichungen.**

a) $x - 4 = 12$ b) $34 = z - 85$ c) $x + 2 = 7$

d) $8y = 96$ e) $-3x = 90$ f) $\frac{x}{4} = 10$

g) $3 \cdot (a + 4) = 18$ h) $2 \cdot (x - 4) = 26$ i) $6m - 12 = 8 + 5m$

j) $3{,}5y - 2{,}4 = 2{,}5y + 6{,}4$

② **Löse folgende Gleichungen.**

a) $6x + 4 - 2x = x + 7$ b) $3a + 4a + 6 - 2 = 2a + 12 - 2 + 2a$

c) $4m + 2 - \frac{6m}{3} = 7 + 3$ d) $5 \cdot (x + 3) = 18 + 32$

e) $2 \cdot (3y + 4) = 3 \cdot (y + 5)$ f) $6 \cdot (6 + a) + 3a = 2a + 5 \cdot (a + 4)$

③ **Umfang des Dreiecksprismas**

a) Stelle einen Term für den Umfang ($U_{DP}$) des Dreiecksprismas auf.

b) Berechne den Umfang ($U_{DP}$) des Dreiecksprismas mit $a = 5\,\text{cm}$ und $k = 8\,\text{cm}$.

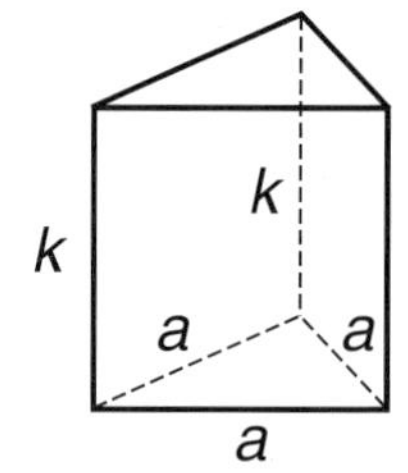


④ **Umfang des Würfels**

Der Umfang eines Würfels beträgt 60 cm. Wie lang ist $k$?
Tipp: Stelle einen Term für die Umfangsberechnung eines Würfels auf.

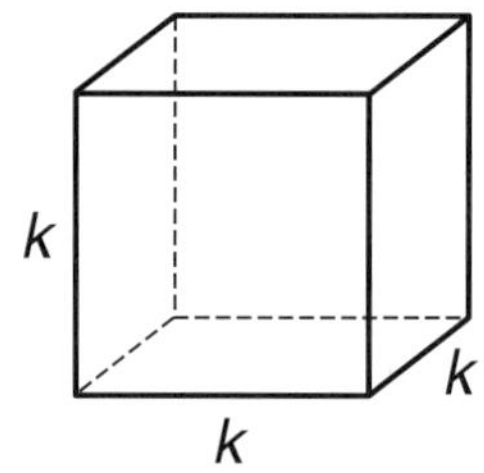


⑤ **Ein Kleinbus kostet pro Tag 65 € Miete. Für jeden gefahrenen Kilometer werden zusätzlich 0,75 € berechnet. Stelle einen passenden Term zur Berechnung des Preises für 5 Tage auf, an denen insgesamt 120 km gefahren wurden. Benutze für die Tage die Variable *x* und für die Kilometer *y*.**

**Viel Erfolg!**

| **Aufgabe** | **1** | **2** | **3** | **4** | **5** | **ø** |
|---|---|---|---|---|---|---|
| **Mögliche Punkte** | | | | | | |
| **Erreichte Punkte** | | | | | | |

**Name:** **Klasse:** **Datum:** **8/8**

① **Setze die Zahlen 2, $-3$ und $\frac{1}{3}$ für $x$ ein und berechne die Werte der Terme.**

a) $4(x - 3) + 6$ b) $3x + 4x$ c) $(x - 2)(x + 3)$ d) $16 - [4(x + 6)]x^2$

② **Sind die beiden Terme der Gleichung äquivalent?**
**Begründe rechnerisch.**

$(x + 2)(x - 3) = x^2 - x - 6$

③ **In einem 5 g schweren Umschlag werden Blätter gelegt, die jeweils 4 g schwer sind.**

a) Wie schwer ist ein Brief mit $x$ Blättern? Stelle einen Term auf.

b) Zu dem 5 g schweren Umschlag und den 4 g schweren Blättern kommen Münzen von je 21 g. Wie schwer ist ein Brief mit $x$ Blättern und $y$ Münzen? Stelle einen Term auf.

④ **Stelle einen Term auf und bestimme die gesuchte Zahl.**

a) Wenn man eine erdachte Zahl mit 127 multipliziert, erhält man 14 097.

b) Wenn man vom Doppelten einer Zahl 14 subtrahiert, erhält man 11.

c) Wenn man eine gesuchte Zahl um 3 vermehrt und das Ergebnis mit 5 multipliziert, erhält man 102.

⑤ **In einem gleichschenkligen Dreieck ist die Basis *a* halb so lang wie die beiden Schenkel. Wie groß ist die Basis, wenn der Umfang des Dreiecks 105,5 cm beträgt?**

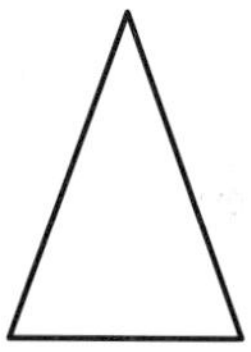

**Viel Erfolg!**

| **Aufgabe** | **1** | **2** | **3** | **4** | **5** | **Ø** |
|---|---|---|---|---|---|---|
| **Mögliche Punkte** | | | | | | |
| **Erreichte Punkte** | | | | | | |

**Name:** **Klasse:** **Datum:**

① **Ziehe die Wurzel, indem du die Wurzelgesetze anwendest.**

a) $\sqrt{3} \cdot \sqrt{27}$  b) $\sqrt{6} \cdot \sqrt{54}$  c) $\sqrt{36 \cdot 16 \cdot 121}$  d) $\frac{\sqrt{125}}{\sqrt{5}}$

e) $\sqrt{0{,}2} \cdot \sqrt{1{,}8}$  f) $\frac{\sqrt{147}}{\sqrt{3}}$  g) $\frac{\sqrt{7{,}2}}{\sqrt{0{,}05}}$  h) $\sqrt{4} \cdot \sqrt{25}$

② **Ziehe die Wurzel, indem du die Wurzelgesetze anwendest.**
**Gib jeweils an, was für die Variablen gelten muss.**

a) $\sqrt{5y} \cdot \sqrt{20y}$  b) $\sqrt{9x^2}$  c) $\sqrt{9m^4n^4}$

d) $\frac{\sqrt{180x^3y^3}}{\sqrt{5xy}}$  e) $\frac{\sqrt{3x^3}}{\sqrt{2y^2}} \cdot \frac{\sqrt{200y^2}}{\sqrt{27x^3}}$

③ **Ziehe teilweise die Wurzel durch Anwendung der Wurzelgesetze.**
**Gib jeweils an, was für die Variablen gelten muss.**

a) $\sqrt{810}$  b) $\sqrt{289x}$  c) $\frac{\sqrt{3a^2}}{\sqrt{16}}$

d) $\sqrt{80a^2c^2}$  e) $\frac{\sqrt{800x^2}}{\sqrt{20x^2}}$  f) $\frac{\sqrt{9x^2}}{\sqrt{15y^2}} \cdot \frac{\sqrt{225y^2}}{\sqrt{12x^2}}$

④ **Vereinfache durch Zusammenfassen und durch teilweises Wurzelziehen.**

a) $2{,}5\sqrt{3} - 0{,}7\sqrt{3} + \sqrt{3} + 5{,}8\sqrt{3}$  b) $\sqrt{18} - 6\sqrt{18} - 10\sqrt{18}$

c) $4a\sqrt{25a} + 3{,}2\sqrt{9a^3} - 2{,}5a\sqrt{16a} - 0{,}5\sqrt{a^3}$

d) $8\sqrt{63} - 6\sqrt{28} + 2\sqrt{112}$  e) $5\sqrt{44} - 3\sqrt{176} + 7\sqrt{99}$

**Viel Erfolg!**

| Aufgabe | 1 | 2 | 3 | 4 | ∅ |
|---|---|---|---|---|---|
| Mögliche Punkte | | | | | |
| Erreichte Punkte | | | | | |

① **Wie heißt das dazugehörige Gleichungssystem und seine Lösung?**

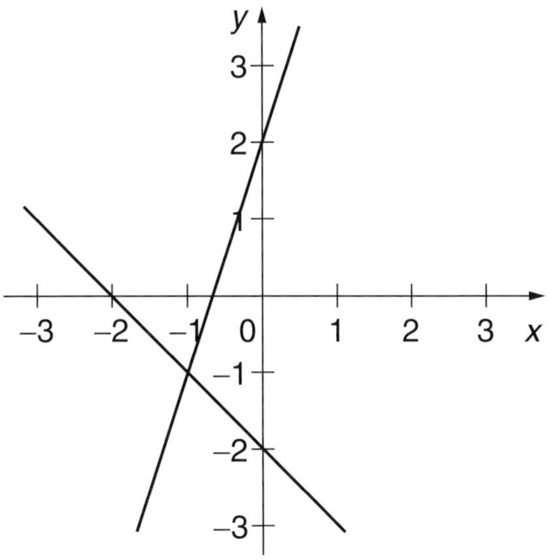


② **Die Summe zweier Zahlen ist 25. Addiert man zur zweiten Zahl das Doppelte der ersten Zahl, so erhält man 45.**

a) Stelle zwei lineare Gleichungen mit zwei Variablen auf.

b) Löse beide Gleichungen nach $y$ auf.

c) Bestimme die Lösung durch Probieren.

③ **Ermittle die Lösung zeichnerisch.**

$$\left| \begin{array}{l} y = 2x + 2 \\ y = 5x - 7 \end{array} \right|$$

④ **Ermittle die Lösung mit dem Einsetzungsverfahren.**

a) $\left| \begin{array}{l} 2x + 5y = 9 \\ y = 3x + 12 \end{array} \right|$ b) $\left| \begin{array}{l} 10x - 7y = 44 \\ 7y = 3x - 23 \end{array} \right|$

⑤ **Ermittle die Lösung mit dem Gleichsetzungsverfahren.**

$$\left| \begin{array}{l} x = y - 8 \\ x = 3y - 48 \end{array} \right|$$

⑥ **Ermittle die Lösung mit dem Additionsverfahren.**

a) $\left| \begin{array}{l} 2x + 5y = 23 \\ 2x - 3y = -1 \end{array} \right|$ b) $\left| \begin{array}{l} 15x - 2y = 0 \\ 9x + 6y = 54 \end{array} \right|$

**Viel Erfolg!**

| **Aufgabe** | **1** | **2** | **3** | **4** | **5** | **6** | **⌀** |
|---|---|---|---|---|---|---|---|
| **Mögliche Punkte** | | | | | | | |
| **Erreichte Punkte** | | | | | | | |

 **Name:** **Klasse:** **Datum:**

① **Löse jedes Gleichungssystem mit dem passenden Verfahren.**

a) $\left| \begin{array}{l} -5x + 6y = 16 \\ 5x - y = 14 \end{array} \right|$   b) $\left| \begin{array}{l} y = 2x - 2 \\ 6x + 2y = 11 \end{array} \right|$   c) $\left| \begin{array}{l} y = -6x + 32 \\ y = 4x + 12 \end{array} \right|$

d) $\left| \begin{array}{l} y = -x + 7 \\ y = x - 3 \end{array} \right|$   e) $\left| \begin{array}{l} -6x - 7y = -53 \\ 4x + 7y = 47 \end{array} \right|$   f) $\left| \begin{array}{l} 5x - y = 33 \\ x = 9 - \frac{1}{7}y \end{array} \right|$

② **Löse die Aufgaben zeichnerisch. Was fällt auf?**

a) $\left| \begin{array}{l} y = 3x + 4 \\ -3x + y = 5 \end{array} \right|$   b) $\left| \begin{array}{l} y - 4 = 6x \\ 3y = 18x + 12 \end{array} \right|$

③ **Der Flächeninhalt eines Dreiecks beträgt 1 600 dm$^2$. Die Seite $c$ ist doppelt so lang wie die dazugehörige Höhe. Stelle ein lineares Gleichungssystem auf und bestimme die Länge der Seite und deren Höhe.**

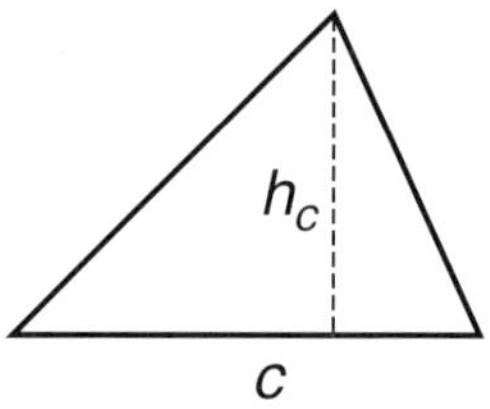


④ **Der Umfang eines gleichschenkligen Dreiecks beträgt 30 cm. Die Basis $a$ ist um 6 cm größer als ein Schenkel $b$. Stelle ein lineares Gleichungssystem auf und bestimme $a$ und $b$.**

**Viel Erfolg!**

| Aufgabe | 1 | 2 | 3 | 4 | ∅ |
|---|---|---|---|---|---|
| Mögliche Punkte | | | | | |
| Erreichte Punkte | | | | | |

| Name: | Klasse: | Datum: | 9/4 |
|---|---|---|---|

① **Forme die Gleichungen um, lege eine Wertetabelle an und bestimme die Lösung zeichnerisch.**

a) $x^2 - 0{,}5x = 3$    b) $x^2 + 2x + 2 = 0$

② **Bestimme die Lösung rechnerisch.**

a) $x^2 = 36$    b) $b^2 = 0$    c) $c^2 = \frac{16}{49}$

d) $5a^2 - 3a^2 = 32$    e) $11b^2 - 8b^2 - 246 = 342$    f) $\frac{2}{8}a^2 + \frac{4}{6}a^2 = \frac{11}{27}$

③ **Bestimme die Lösung rechnerisch.**

a) $(a - 3)^2 = 256$    b) $(x + 4{,}5)^2 = 2{,}25$    c) $x^2 - 6x + 9 = 36$

d) $x^2 + 13x + 16 = -26{,}5$    e) $x^2 + 18x + 6 = 25$    f) $(4a + 2)^2 = 36$

④ **Stelle jeweils eine Gleichung auf und löse diese rechnerisch.**

a) Das Quadrat einer unbekannten Zahl vermindert um 76 ergibt 500.

b) Wenn man eine Zahl um 3 vergrößert und die vergrößerte Zahl quadriert, so erhält man 28,09.

c) Wenn man das Doppelte einer Zahl quadriert, erhält man das gleiche Ergebnis, wie wenn man die Zahl mit 20 multipliziert.

**Viel Erfolg!**

| **Aufgabe** | **1** | **2** | **3** | **4** | **ϕ** |
|---|---|---|---|---|---|
| **Mögliche Punkte** | | | | | |
| **Erreichte Punkte** | | | | | |

**9/5** **Name:** **Klasse:** **Datum:**

① **Löse mithilfe der *p*-*q*-Formel.**

a) $x^2 + 14x + 24 = 0$ b) $y^2 - 15y + 57 = 0$ c) $a^2 - 6a - 187 = 0$

d) $2x^2 - 3x - 104 = 0$ e) $(a + 5)(a + 7) = 0$ f) $(x - 10)(x + 14) = 0$

② **Löse mithilfe der quadratischen Ergänzung.**

a) $x^2 + 10x + 4 = 28$ b) $x^2 - 12x = -27$ c) $a^2 - 7a + 6 = 0$

d) $5x^2 + 25x + 20 = 0$ e) $2{,}5x^2 - 5x = 20$ f) $4x^2 + 28x = -51$

③ **Notiere die dazugehörigen Gleichungen und deren Lösungen.**

a)

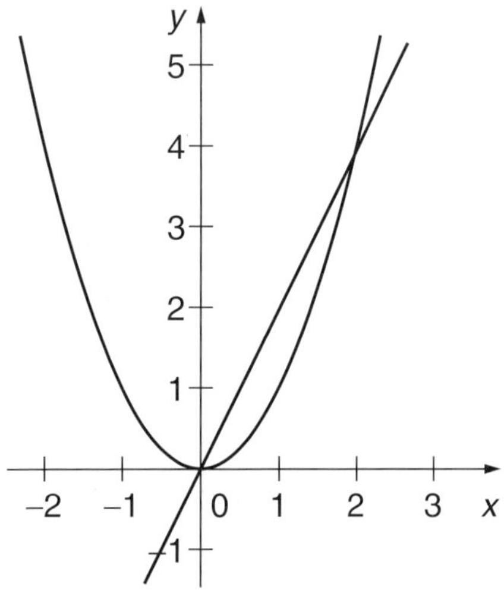


b)

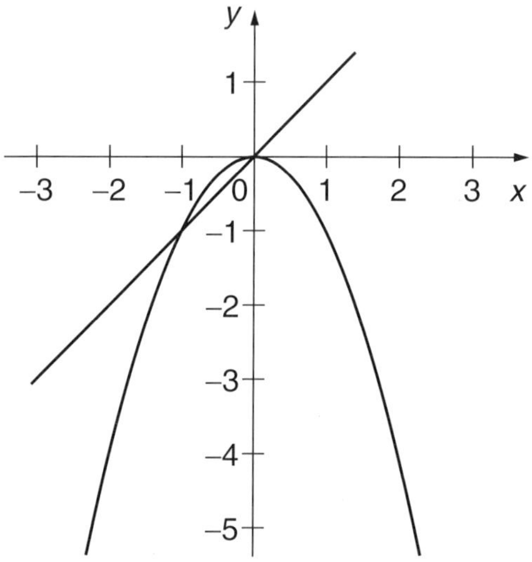


④ **Was passiert mit den Lösungen einer quadratischen Gleichung, wenn bei der *p*-*q*-Formel der Ausdruck unter der Wurzel ...**

a) genau null ergibt?

b) negativ wird?

**Viel Erfolg!**

| Aufgabe | 1 | 2 | 3 | 4 | ∅ |
|---|---|---|---|---|---|
| Mögliche Punkte | | | | | |
| Erreichte Punkte | | | | | |

**Name:** **Klasse:** **Datum:** **9/6**

① **Formuliere den Satz des Pythagoras in Abhängigkeit von den Katheten und der Hypotenuse (Tipp: Flächeninhalt).**

② **Erstelle zu jeder Aufgabe eine Planfigur und beschrifte diese.**
**Berechne dann die gesuchten Seiten.**

a) $a = 3\,\text{cm}$; $b = 4\,\text{cm}$; $\gamma = 90°$; $c =$ ______

b) $b = 18\,\text{dm}$; $a = 24\,\text{dm}$; $\gamma = 90°$; $c =$ ______

c) $a = 6\,\text{m}$; $c = 10\,\text{m}$; $\gamma = 90°$; $b =$ ______

d) $b = 8\,\text{cm}$; $c = 7\,\text{cm}$; $\alpha = 90°$; $a =$ ______

e) $a = 9\,\text{cm}$; $b = 12\,\text{cm}$; $\beta = 90°$; $c =$ ______

③ **Berechne die fehlenden Seiten.**

a)

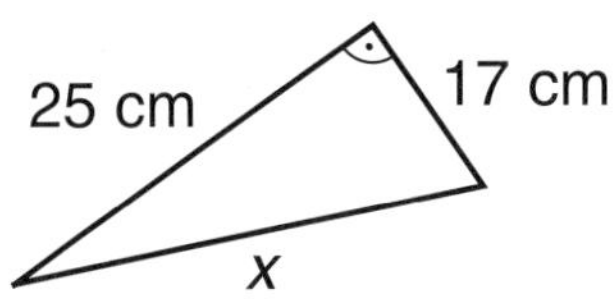


b)

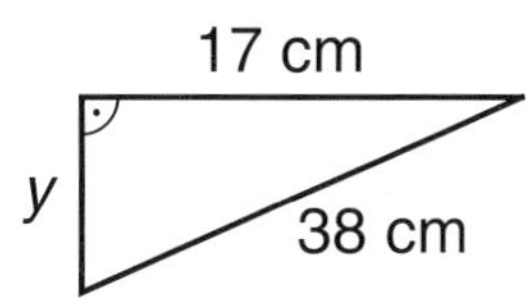


c)

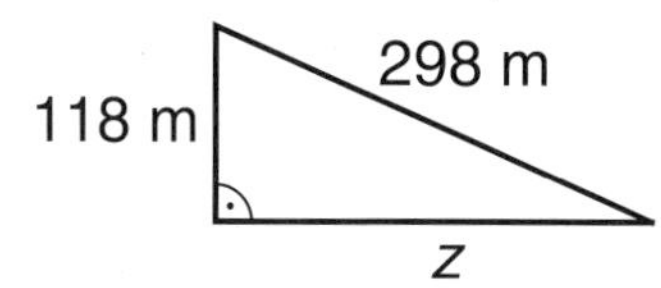


④ **Eine Leiter von 3,60 m Länge lehnt an einer Wand. Ihr Fußende ist 1,50 m von der Wand entfernt. Wie hoch reicht die Leiter? Fertige auch eine Skizze an.**

⑤ **Wie lang ist ein Dachbalken ($d$)?**

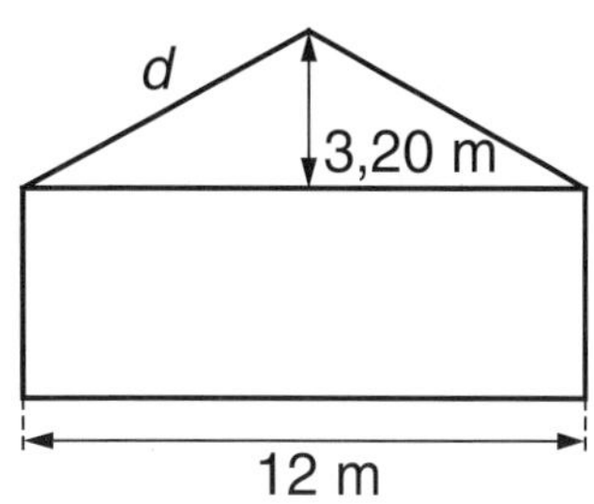


**Viel Erfolg!**

| **Aufgabe** | **1** | **2** | **3** | **4** | **5** | **⌀** |
|---|---|---|---|---|---|---|
| **Mögliche Punkte** | | | | | | |
| **Erreichte Punkte** | | | | | | |

**9/7** **Name:** **Klasse:** **Datum:**

① **Stelle den Satz des Pythagoras mithilfe einer Zeichnung dar.**

② **Berechne den Abstand der beiden Punkte.**
**Tipp: Trage die Punkte in ein Koordinatensystem ein.**

a) $A(3; 4)$, $B(2; 5)$ b) $C(-2; 2)$, $D(5; -3)$

③ **Ein Rechteck ist 18 cm lang und 14 cm breit.**
**Fertige eine Skizze an und berechne die Länge der Diagonale.**

④ **Ein gleichseitiges Dreieck hat eine Seitenlänge von 20 cm.**
**Fertige eine Skizze an und berechne den Flächeninhalt des Dreiecks.**

⑤ **Stehen die beiden Zimmerwände senkrecht zueinander?**
**Begründe deine Antwort durch eine Rechnung.**

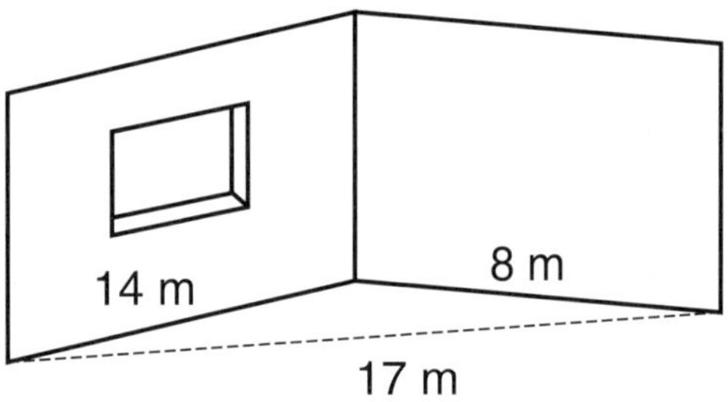


**Viel Erfolg!**

| Aufgabe | 1 | 2 | 3 | 4 | 5 | ∅ |
|---|---|---|---|---|---|---|
| Mögliche Punkte | | | | | | |
| Erreichte Punkte | | | | | | |

**Name:** **Klasse:** **Datum:** **9/8**

① **Gegeben ist diese Figur ($\alpha = 90^\circ$).**

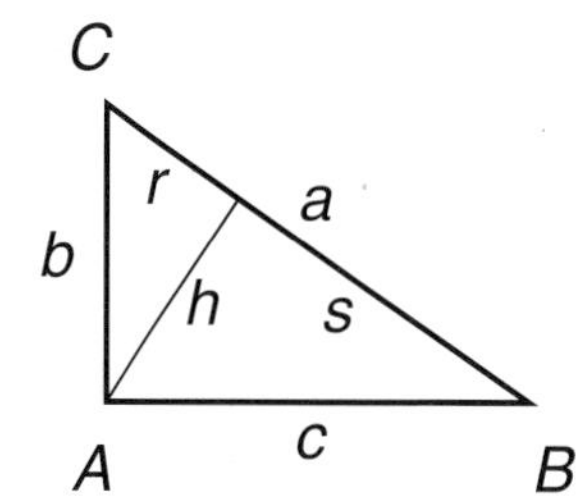


a) Gib für alle rechtwinkligen Dreiecke der Figur den Satz des Pythagoras an.

b) Gib für das äußere Dreieck (*ABC*) auch die Kathetensätze an.

② **Berechne alle fehlenden Seitenlängen des abgebildeten Dreiecks ($\gamma = 90^\circ$).**

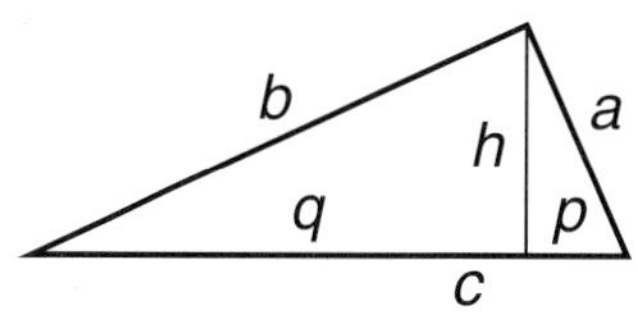


a) $a = 4\,\text{cm}$; $b = 6{,}5\,\text{cm}$ b) $b = 12\,\text{dm}$; $q = 4{,}9\,\text{dm}$

c) $p = 3{,}5\,\text{m}$; $q = 4{,}9\,\text{dm}$ d) $c = 145\,\text{mm}$; $q = 98\,\text{mm}$

③ **Berechne die Länge der Seite *s*.**

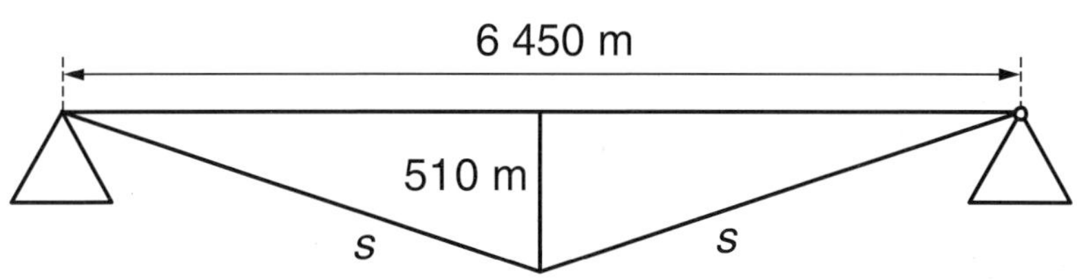


④ **Ein Rechteck ist 7,80 m lang. Die Länge der Diagonale beträgt 11 m. Wie breit ist das Rechteck? Fertige eine Skizze an und berechne dann.**

**Viel Erfolg!**

| **Aufgabe** | **1** | **2** | **3** | **4** | **Ø** |
|---|---|---|---|---|---|
| **Mögliche Punkte** | | | | | |
| **Erreichte Punkte** | | | | | |

**9/9** **Name:** **Klasse:** **Datum:**

① **Bestimme die Längenverhältnisse der Strecken $\overline{AB}$ zu $\overline{CD}$.**

a) $\overline{AB} = 30\,\text{m}$; $\overline{CD} = 25\,\text{m}$ b) $\overline{AB} = 4\,\text{cm}$; $\overline{CD} = 2\,\text{cm}$

② **Zeichne die Figuren ab und vergrößere sie mit dem Faktor 2.**

a)

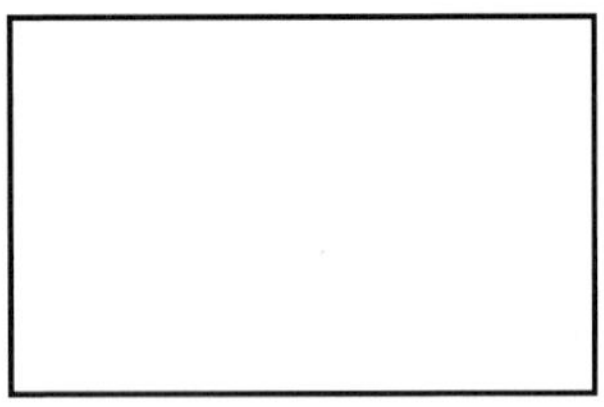

b)

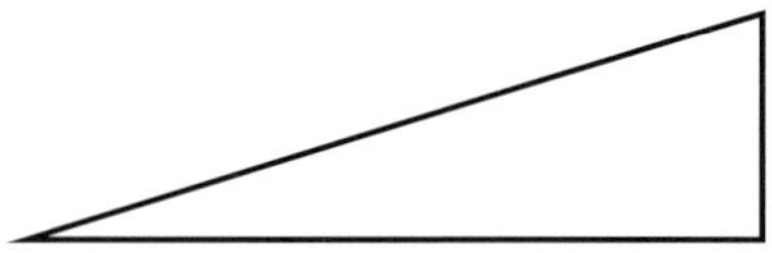

③ **Welche Figuren sind ähnlich zueinander?**

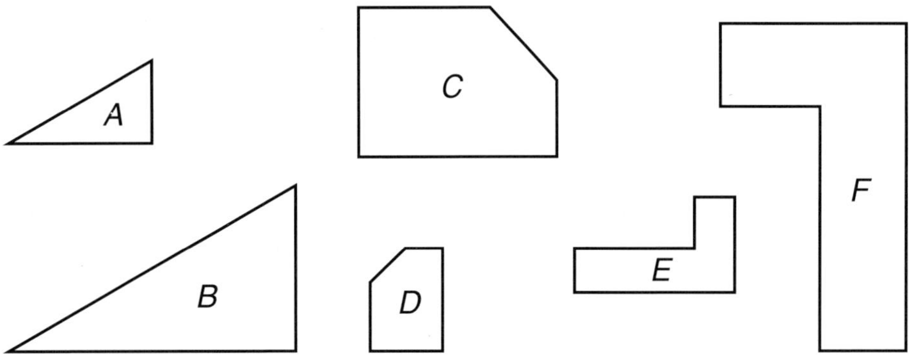


④ **Es existieren zwei ähnliche Dreiecke $ABC$ und $A'B'C'$.**
**Berechne die fehlenden Dreiecksseiten.**

a) $a = 5\,\text{cm}$; $b = 7\,\text{cm}$; $c = 4\,\text{cm}$; $a' = 15\,\text{cm}$

b) $a = 26\,\text{m}$; $b = 20\,\text{m}$; $U_{ABC} = 77\,\text{m}$; $b' = 12{,}5\,\text{m}$

**Viel Erfolg!**

| **Aufgabe** | **1** | **2** | **3** | **4** | **Ø** |
|---|---|---|---|---|---|
| **Mögliche Punkte** | | | | | |
| **Erreichte Punkte** | | | | | |

**Name:** **Klasse:** **Datum:** **9/10**

① **Berechne die fehlenden Größen.**

a) $s_1 = 4\,\text{cm}$, $s_2 = 7\,\text{cm}$, $t_1 = 5{,}2\,\text{cm}$, $p_2 = 3{,}9\,\text{cm}$

b) $s_2 = 16\,\text{cm}$, $t_2 = 17{,}9\,\text{cm}$, $t_1 = 14{,}3\,\text{cm}$, $p_1 = 13{,}4\,\text{cm}$

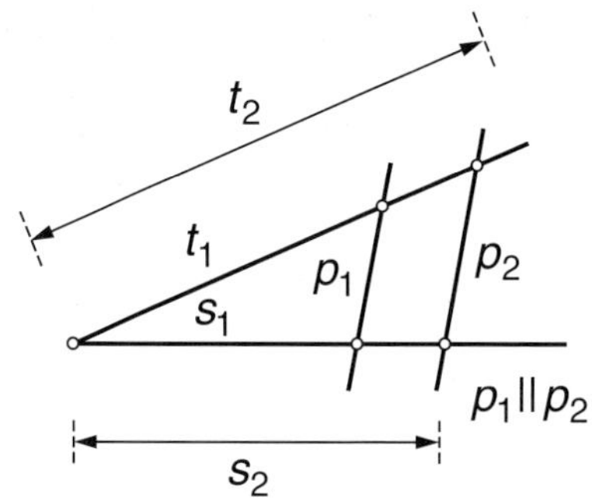


② **Berechne die fehlende Länge (es gilt: $\overline{AB} \parallel \overline{CD}$).**

a)

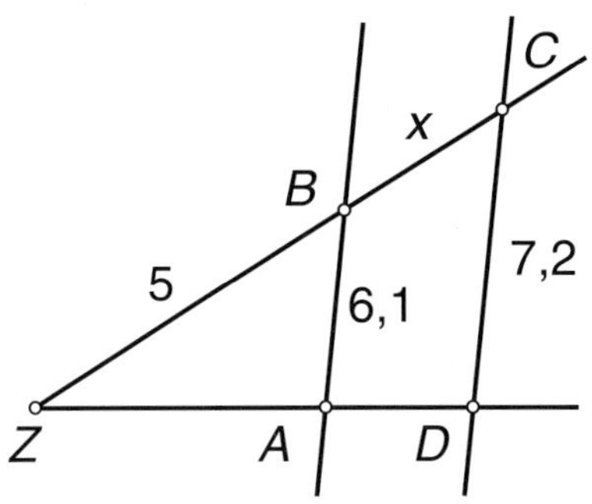


b)

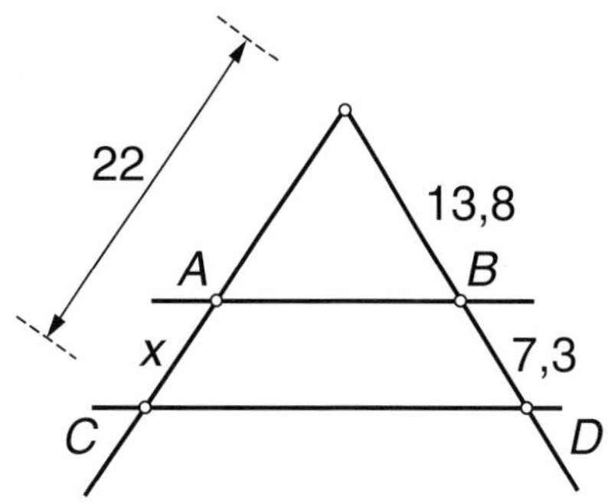


③ **Melanie berechnet die Höhe (*h*) des Kirchturms ihres Ortes. Dazu misst sie die Schattenlänge des Turms (72,5 m) und die eines 4,5 m langen Stabes (5,5 m). Wie hoch ist nun der Turm?**

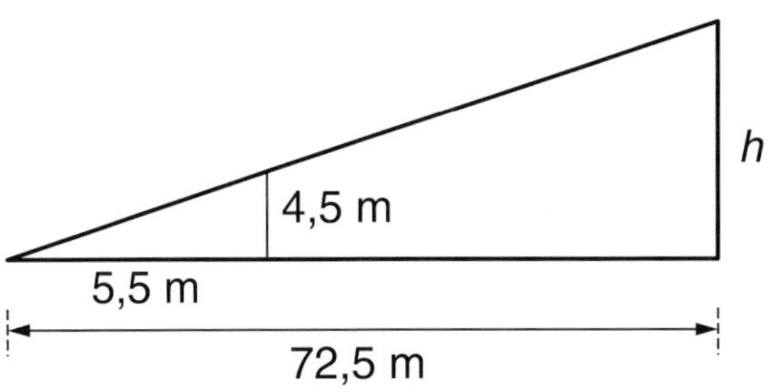

| 9/10 | Name: | Klasse: | Datum: |
|---|---|---|---|

④ **Wie breit ist der Fluss?**

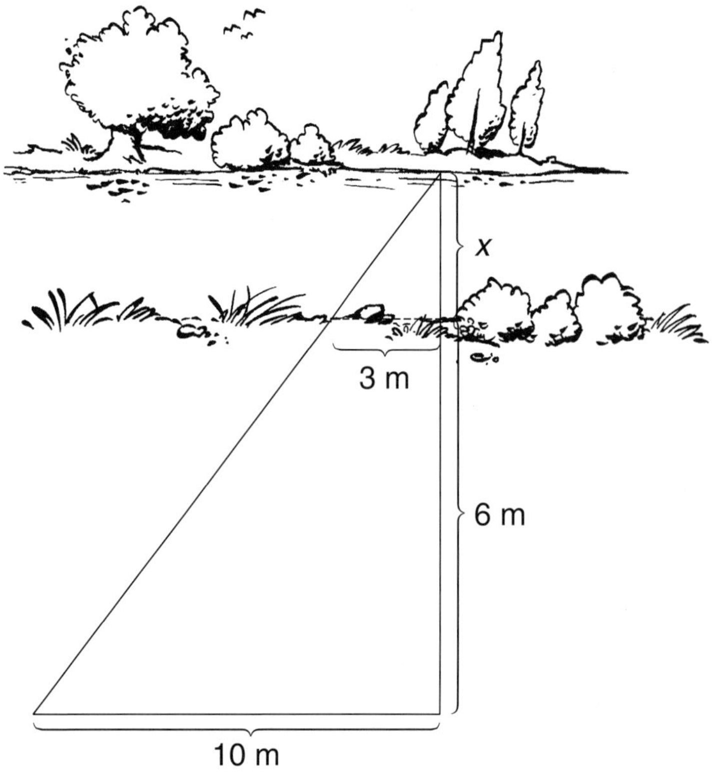


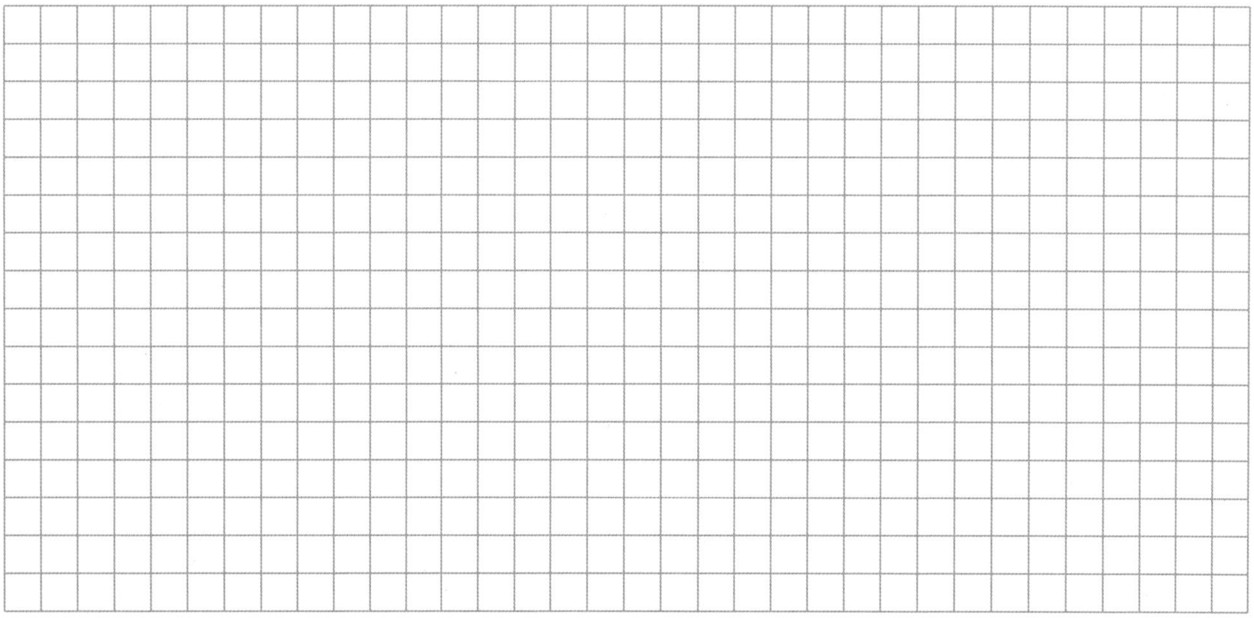

**Viel Erfolg!**

| Aufgabe | 1 | 2 | 3 | 4 | ϕ |
|---|---|---|---|---|---|
| Mögliche Punkte | | | | | |
| Erreichte Punkte | | | | | |

① **Berechne die fehlende Größe.**

a) $r = 5\,\text{cm}$; gesucht: $U$

b) $d = 148\,\text{dm}$; gesucht: $U$

c) $U = 7{,}85\,\text{m}$; gesucht: $d$

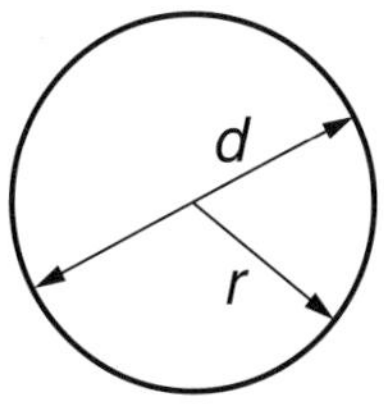


② **Berechne die fehlende Größe.**

a) $r = 28\,\text{mm}$; gesucht: $A$

b) $d = 1\,020\,\text{m}$; gesucht: $A$

c) $A = 6\,079{,}04\,\text{m}^2$; gesucht: $r$

③ **Ein Rettungshubschrauber hat einen Aktionsradius von 60 km. Wie groß ist das Gebiet, in dem der Hubschrauber eingesetzt wird?**

④ **Berechne den Querschnitt des abgebildeten Rohres mit Dicke $s = 3\,\text{mm}$, Innenradius $r_i = 20\,\text{mm}$.**

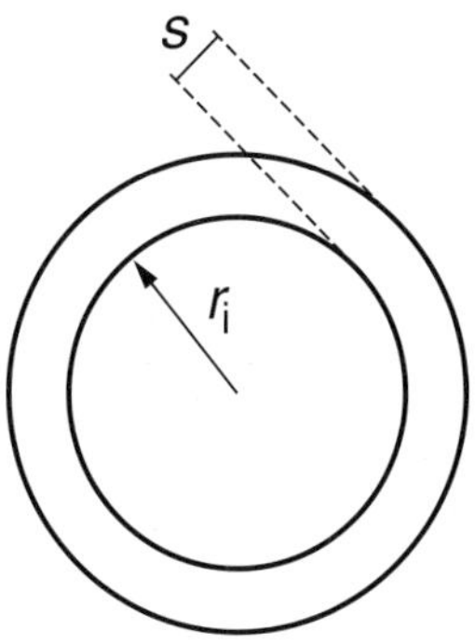


**Viel Erfolg!**

| Aufgabe | 1 | 2 | 3 | 4 | ∅ |
|---|---|---|---|---|---|
| Mögliche Punkte | | | | | |
| Erreichte Punkte | | | | | |

**9/12** **Name:** **Klasse:** **Datum:**

① **Der Mond hat einen Durchmesser von 3 470 km.**
**Wie lang ist sein Äquator?**

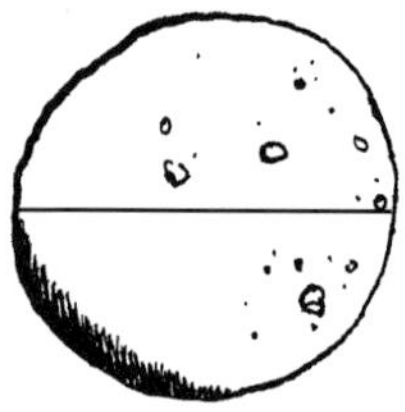

② **Ein 2 m, ein 3 m und ein 5 m langes Metallband werden zu einem Kreis gebogen.**
**Wie groß werden die jeweiligen Durchmesser?**

③ **Wie verändert sich ...**

a) der Umfang eines Kreises, wenn sich der Radius verdoppelt?

b) der Flächeninhalt eines Kreises, wenn sich der Radius verdoppelt?

④ **Berechne die fehlenden Größen des Zylinders.**

| | Radius | Höhe | Oberfläche | Volumen |
|---|---|---|---|---|
| a) | 8 cm | 20 cm | | |
| b) | 147 dm | 350 dm | | |
| c) | 7 mm | | 967,12 $mm^2$ | |
| d) | 1,5 dm | | | 30,78 $dm^3$ |

⑤ **Eine Litfaßsäule hat einen Radius von 50 cm und eine Höhe von 3 m.**
**Wie groß ist die Fläche, die beklebt werden kann?**

**Viel Erfolg!**

| **Aufgabe** | **1** | **2** | **3** | **4** | **5** | **ϕ** |
|---|---|---|---|---|---|---|
| **Mögliche Punkte** | | | | | | |
| **Erreichte Punkte** | | | | | | |

| **Name:** | **Klasse:** | **Datum:** | **10/1** |
|---|---|---|---|

① **Berechne und schreibe das Ergebnis mit allen Ziffern auf.**

a) $7 \cdot 10^6$ b) $3{,}15 \cdot 10^9$ c) $175{,}3 \cdot 10^8$

② **Vereinfache mithilfe der Potenzgesetze.**

a) $3^6 \cdot 3^4$ b) $x^2 \cdot x$ c) $2p^2 \cdot 3p^6$

d) $\left(\sqrt{5}\right)^3 \cdot \left(\sqrt{5}\right)^4$ e) $2 \cdot 2^{n+3}$ f) $s^{m+s} \cdot s^{m+1}$

③ **Vereinfache mithilfe der Potenzgesetze.**

a) $\dfrac{6^5}{6^3}$ b) $\dfrac{(-0{,}1)^{14}}{(-0{,}1)^{11}}$ c) $\dfrac{6y^5}{3y^2}$ d) $\dfrac{4^3 \cdot b^5}{b^4 \cdot 4^2}$

e) $\dfrac{b^m \cdot c^n}{c^3 \cdot b^4}$ f) $\dfrac{b^{5p-q}}{b^{2p-f}}$ g) $\dfrac{(8g-2h)^{2n-2}}{(8g-2h)^{n+1}}$ h) $\dfrac{24a^4b^5 - 144a^3b^4}{12a^2b^3}$

④ **Löse die Klammern auf.**

a) $(b^3 - b^2) \cdot b^4$ b) $4ab \cdot (b^2 - 3a^5)$

c) $\left(\dfrac{3}{4}x^3y^4z^2 + \dfrac{1}{2}x^5y^3z^4 - \dfrac{5}{4}xyz^3\right) \cdot 4x^3y^2z^2$

⑤ **In einem ägyptischen Rechenbuch (1700 v. Chr.) steht folgende Aufgabe:**

6 Personen besitzen jeweils 6 Katzen,
jede Katze fängt 6 Mäuse,
jede Maus fraß 6 Ähren Gerste.
Aus jeder Ähre Gerste können
6 Maß Getreide entstehen.
Wie viel Maß sind das?

**Tipp: Stelle eine Potenz auf und berechne diese mit dem Taschenrechner.**

**Viel Erfolg!**

| Aufgabe | 1 | 2 | 3 | 4 | 5 | ∅ |
|---|---|---|---|---|---|---|
| Mögliche Punkte | | | | | | |
| Erreichte Punkte | | | | | | |

**10/2** **Name:** **Klasse:** **Datum:**

① **Schreibe die Potenz mit möglichst kleiner Basis. Notiere alle Zwischenschritte.**

a) $25^4$ b) $324^3$ c) $343^4$ d) $100^{-3}$

② **Vereinfache so weit wie möglich.**

a) $2^6 \cdot 5^6$ b) $x^3 \cdot y^3$ c) $\left(\frac{2}{3}\right)^4 \cdot \left(\frac{9}{8}\right)^4$

d) $\left(\frac{2}{3}\right)^5 \cdot \left(-\frac{4}{5}\right)^5 \cdot \left(\frac{15}{8}\right)^5$ e) $(p \cdot q)^0$ f) $u^{-6} \cdot v^{-6}$

③ **Vereinfache und schreibe alle Potenzen mit positiven Exponenten.**

a) $x^3 \cdot x^{-4}$ b) $\left(x^{-4}\right)^{-5}$ c) $y^{-3a} \cdot y^{-a}$ d) $\left(a^{-2s}\right)^p$ d) $\left(r^{-4} \cdot t^{-5}\right)^{-2}$

④ **Vereinfache und schreibe alle Potenzen mit positiven Exponenten.**

a) $\frac{b^3}{b^{-5}}$ b) $\frac{(xy)^{-3}}{(xy)^{-8}}$ c) $\frac{\left(a+\sqrt{3}\right)^6}{\left(a+\sqrt{3}\right)^{-1}}$ d) $\frac{25}{5^6}$ e) $\frac{\left(\frac{1}{3}\right)^{-4}}{\left(\frac{1}{6}\right)^{-4}}$

⑤ **Vereinfache so weit wie möglich durch sinnvolle Anwendung der Potenzgesetze. Schreibe alle Potenzen mit positiven Exponenten.**

a) $x^{-3} \cdot y^{-4} \cdot x^4 \cdot y^3$ b) $x^3 \cdot \left(\frac{x}{y}\right)^4$ c) $\left(a^m \cdot y^1 \cdot b^m\right)^{n+1}$ d) $\left(p^{n+1}\right)^{n-1}$

⑥ **Multipliziere aus. Schreibe alle Potenzen mit positiven Exponenten.**

a) $\left(4x^{-2} + 5y^{-3}\right) \cdot 3x^4y^5$ b) $\left(4a^5 + 3a^6 - 5a^3\right) \cdot 3a^{-2}$

**Viel Erfolg!**

| Aufgabe | 1 | 2 | 3 | 4 | 5 | 6 | ∅ |
|---|---|---|---|---|---|---|---|
| Mögliche Punkte | | | | | | | |
| Erreichte Punkte | | | | | | | |

| Name: | Klasse: | Datum: | 10/3 |
|---|---|---|---|

① **Lege jeweils eine Wertetabelle an und zeichne die Graphen. Setze für $x$ folgende Zahlen ein: $-2, -1, 0, 1, 2$.**

a) $y = \frac{3}{2}x^2$  b) $y = -2x^2$

② **Notiere die dazugehörigen Funktionsgleichungen. Die Normalparabel wurde um ...**

a) 2,5 Einheiten nach rechts und um 1 Einheit nach unten verschoben.

b) 3 Einheiten nach oben und um 6 Einheiten nach rechts verschoben.

③ **Notiere die Funktionsgleichung zum Graphen.**

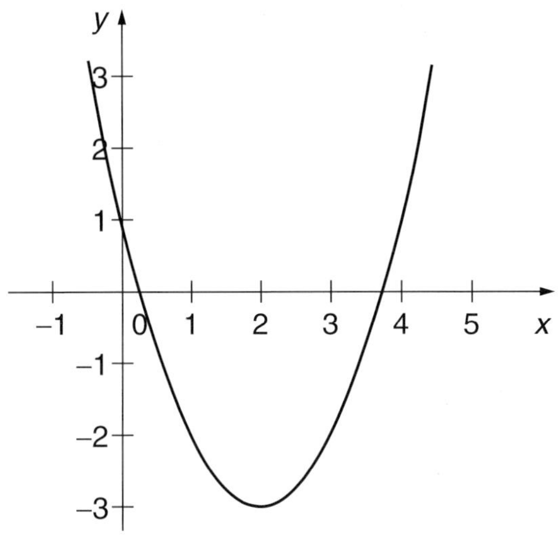

④ **Bestimme die Nullstellen des Funktionsgraphen rechnerisch.**

a) $y = x^2 + 4x - 5$  b) $y = \frac{1}{4}x^2 - 7x + 12$

c) Zeichne den Graphen zur Funktionsgleichung 4a) mit der Normalparabelschablone.

⑤ **Bringe die Funktionsgleichungen in die Scheitelform und gib dann die Koordinaten der Scheitelpunkte an.**

a) $y = x^2 + 8x + 5$  b) $y = x^2 - \frac{2}{3}x - \frac{1}{9}$

**Viel Erfolg!**

| Aufgabe | 1 | 2 | 3 | 4 | 5 | ⌀ |
|---|---|---|---|---|---|---|
| Mögliche Punkte | | | | | | |
| Erreichte Punkte | | | | | | |

**10/4** **Name:** **Klasse:** **Datum:**

① **Berechne die fehlenden Seiten und Winkel der Dreiecke.**

a) $a = 6{,}3\,\text{cm}$; $\gamma = 90°$; $\beta = 55°$

b) $b = 7{,}8\,\text{cm}$; $\alpha = 90°$; $\beta = 70°$

c) $a = 145\,\text{cm}$; $\beta = 90°$; $c = 180\,\text{cm}$

② **Ein Straßenschild zeigt 9 % Steigung.**
**Wie groß ist der Neigungswinkel $\alpha$?**
**Tipp: Fertige eine Skizze an.**

③ **Von einem rechtwinkligen Dreieck mit $\gamma = 90°$ sind bekannt:**

a) $p = 23{,}5\,\text{cm}$; $\beta = 70°$. Berechne die Seiten $a$ und $c$ und den Winkel $\alpha$.

b) $h_c = 14\,\text{cm}$; $q = 6{,}5\,\text{cm}$. Berechne die Seiten $b$ und $c$ und den Winkel $\alpha$.

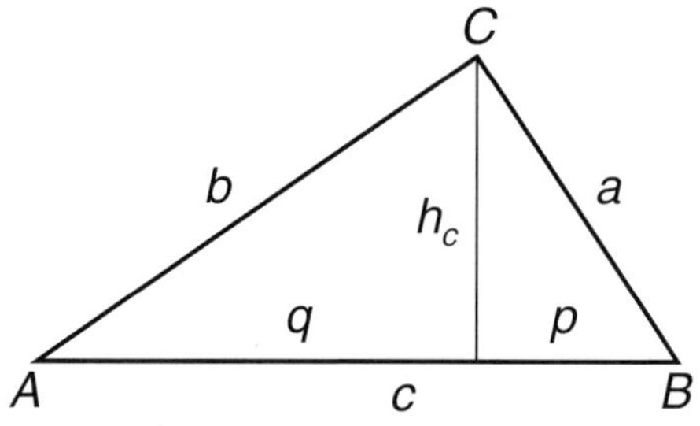


④ **Der Schatten eines Fahnenmastes ist 8,4 m lang. Welche Höhe hat der Mast, wenn die Sonnenstrahlen mit dem Erdboden einen Winkel von 39,8° bilden?**

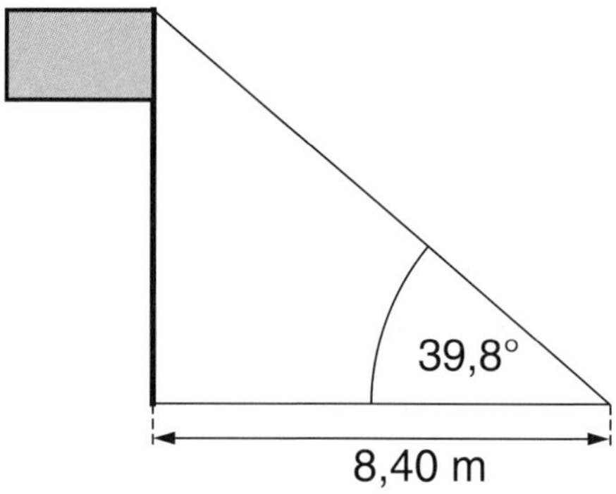


⑤ **Begründe.**

Warum ist $\sin(90° - \alpha) = \sin\beta$?
Gehe davon aus, dass $\gamma = 90°$ beträgt.

**Viel Erfolg!**

| **Aufgabe** | **1** | **2** | **3** | **4** | **5** | **ϕ** |
|---|---|---|---|---|---|---|
| **Mögliche Punkte** | | | | | | |
| **Erreichte Punkte** | | | | | | |

| Name: | Klasse: | Datum: | 10/5 |
|---|---|---|---|

① **Berechne die Oberfläche und das Volumen eines Prismas mit einer trapezförmigen Grundfläche. Fertige eine Skizze an ($a \parallel c$).**

$a = 5\,\text{cm}$; $b = 3{,}5\,\text{cm}$; $c = 3\,\text{cm}$; $d = 2{,}8\,\text{cm}$; $h_T = 2{,}5\,\text{cm}$; $h_k = 7\,\text{cm}$

② **Berechne das Gewicht des abgebildeten Rings.**

$r_i = 86\,\text{cm}$; $r_a = 145\,\text{cm}$; $h = 14\,\text{cm}$

Info: 1 $m^3$ Metall wiegt 2 000 kg.

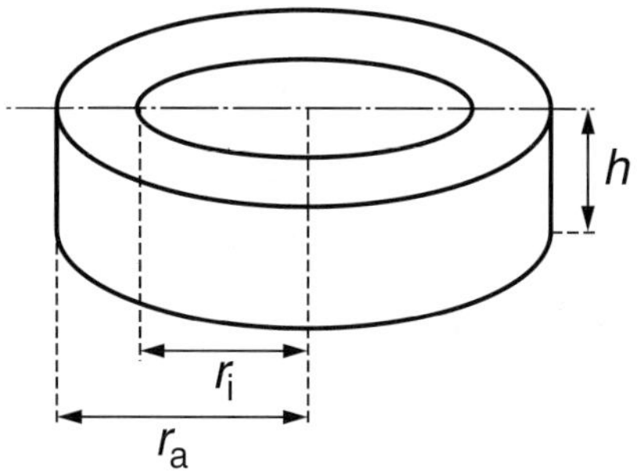


③ **Berechne die gesuchten Größen der Zylinder.**

| | $r$ | $h_k$ | $V$ |
|---|---|---|---|
| a) | 4 cm | 11 cm | |
| b) | 15,3 cm | | 10 480 $cm^3$ |
| c) | | 12 cm | 1 139,82 $cm^3$ |

④ **Der Kirchturm einer Stadt hat ein kegelförmiges Dach, das mit Schiefern bedeckt werden soll. Der Radius des Turms beträgt 5 m, seine Höhe 17 m. Wie viel $m^2$ Schiefer werden benötigt?**

⑤ **Berechne die fehlenden Größen der Kugeln.**

| | Radius | Oberfläche | Volumen |
|---|---|---|---|
| a) | 4 cm | | |
| b) | 28 dm | | |
| c) | 2,5 m | | |
| d) | | 3 846,5 $cm^2$ | |

⑥ **Eine Betonhalbkugel hat einen Radius von 4,6 m. Berechne deren Volumen.**

---

**Viel Erfolg!**

| **Aufgabe** | **1** | **2** | **3** | **4** | **5** | **6** | **ϕ** |
|---|---|---|---|---|---|---|---|
| **Mögliche Punkte** | | | | | | | |
| **Erreichte Punkte** | | | | | | | |

**10/6** **Name:** **Klasse:** **Datum:**

① **Berechne die Oberfläche der quadratischen Pyramide.**

Seitenlänge $a = 12\,\text{cm}$; Seitenhöhe $h_s = 14\,\text{cm}$

② **Die Cheopspyramide hat eine Seitenlänge von 233 m und ist 137 m hoch. Berechne das Volumen.**

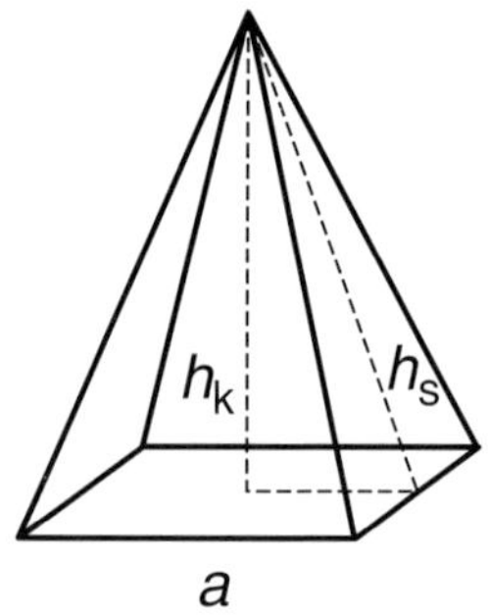


③ **Berechne das Volumen der quadratischen Pyramide.**

Seitenlänge $a = 80\,\text{dm}$; Seitenhöhe $h_s = 110\,\text{dm}$

④ **Bei einem Spielzeug ist an 4 Flächen eines Würfels (Kantenlänge $a = 50\,\text{cm}$) eine Pyramide aufgesetzt. Die Körperhöhe einer Pyramide beträgt $h_k = 38\,\text{cm}$. Berechne die Oberfläche des gesamten Spielzeugs.**

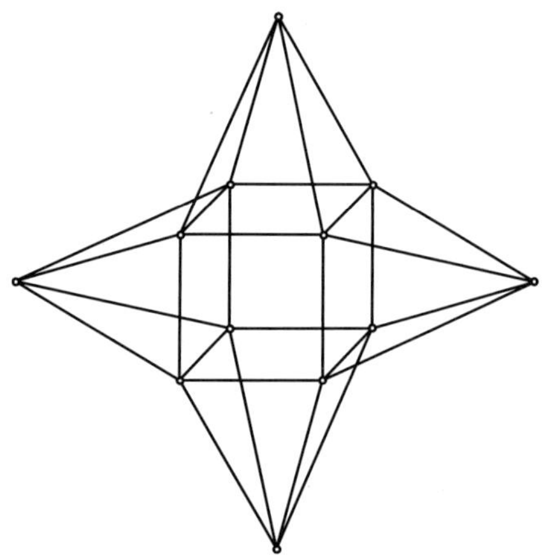

**Viel Erfolg!**

| Aufgabe | 1 | 2 | 3 | 4 | $\phi$ |
|---|---|---|---|---|---|
| Mögliche Punkte | | | | | |
| Erreichte Punkte | | | | | |

## Seite: 6 — Zahlenaufbau I — 5/1

①

| Vorgänger | Zahl | Nachfolger |
|---|---|---|
| 799 | 800 | 801 |
| 10 899 | 10 900 | 10 901 |
| 199 998 | 199 999 | 200 000 |
| 110 099 | 110 100 | 110 101 |

② a) 200
b) 900
c) 1 200

③ a) =
b) <
c) <
d) >
e) >

④ a) 3 248
b) 162 500
c) 809 420
d) 3 254 309

⑤ a) 4 134
b) 117 560
c) 70 100
d) 374 005

⑥ a) . . . , 9, 11, 13, 15
b) . . . , 48, 96, 192, 384
c) . . . , 21, 24, 26, 29
d) . . . , 13, 21, 34, 55

⑦ a) eine Million
b) Zehntausend
c) eine Billion

## Seite: 8 — Zahlenaufbau II — 5/2

① 3.: 1819 10.: 1903 1.: 1776 4.: 1835
5.: 1866 7.: 1879 8.: 1885 2.: 1814
11.: 1905 9.: 1893 12.: 1928 6.: 1867

② a) 100
b) 300
c) 450

③ a) 3 248
b) 162 505
c) 809 426
d) 3 254 309

④ a) 600
b) 3 250
c) 1879

⑤ a) . . . , 5, 6, 7, 8
b) . . . , 20, 24, 28, 32
c) . . . , 80, 160, 320, 640
d) . . . , 13, 21, 34, 55

⑥ 4 600 000 000

## 5/3 Seite: 10 Addition/Subtraktion I

① a) 77 069 ② a) 310

b) 1 090 486 b) 3 190

③ 539

④ Differenz: 430 Minuend: 450 Subtrahend: 20

⑤ Fred fehlen noch **91 €**.

⑥

| | | | |
|---|---|---|---|
| | **665** | | |
| | **356** | **309** | |
| 169 | **187** | **122** | |
| 36 | 133 | 54 | 68 |

## 5/4 Seite: 11 Addition/Subtraktion II

① a) Eine Summe ist das Ergebnis einer Addition.

b) Eine Differenz setzt sich aus Subtrahend und Minuend zusammen.

② Weltbevölkerung = **6 395 Millionen** Menschen

③ Der LKW hatte **18 188 kg** Sand geladen.

④ Sabine fehlen noch **172 €**.

⑤

| | | | |
|---|---|---|---|
| 8 017 | 6 405 | 5 013 | 3 743 |
| 1 612 | **1 392** | **1 270** | |
| **220** | **122** | | |
| **98** | | | |

a)

| | |
|---|---|
| | **2**4 3**9**8 |
| + | 48 **4**3**9** |
| | 7**2** 837 |

b)

| | |
|---|---|
| | 50 87**6** |
| + | 3**0** 6**8**9 |
| | **8**1 **5**65 |

## Seite: 13 Schriftliche Multiplikation/Division I

5/5

① a) 56 763 b) 782 c) 68 147 506

② a) 149 b) 407 c) 379

③ a) 18 b) 24

④ Eine Hose kostet **87 €**.

⑤ Für den Fernseher wurden insgesamt **981 €** bezahlt.

## Seite: 14 Schriftliche Multiplikation/Division II

5/6

①

Kunde

**Baumschule Immergrün**

Firma Musterhaus
Musterstraße 100
12345 Musterhausen

**Rechnung**

| Anzahl | Artikel | Einzelpreis | Gesamtpreis |
|---|---|---|---|
| 6 | Heidekraut | 2,00 € | **12,00 €** |
| 2 | Blautanne (90 cm) | 29,00 € | **58,00 €** |
| 5 | Thuja (85 cm) | 12,00 € | **60,00 €** |
| 1 | Schmetterlingsstrauch (75 cm) | 17,50 € | **17,50 €** |
| | | Gesamtbetrag | **147,50 €** |

② Eine Runde ist ca. **5,13 km** lang.

③ Der ICE hat am Tag durchschnittlich **1 532 km** zurückgelegt.

④ Die Differenz beträgt **72 €**.

## 5/7 Seite: 15 — Rechenregeln

① 1. Punktrechnung geht vor Strichrechnung
2. Was in Klammern steht, wird zuerst berechnet
3. Innere Klammer vor äußerer Klammer

② a) 47 b) 48 c) 45 d) 15 e) 26 f) 9

③ a) $(3 + 9) \cdot 2 = 24$ b) $(20 + 40) : 5 = 12$ c) $(24 - 4) \cdot 5 - 50 : (7 + 3) = 95$

④ a) $6 \cdot 5 + \boxed{10} = 40$ b) $24 + 4 \cdot \boxed{9} = 60$ c) $3 \cdot (18 + \boxed{7}) = 75$

⑤ Thorsten muss insgesamt **36,50 €** bezahlen.

## 5/8 Seite: 16 — Körper I

① a) Zylinder b) Kegel c) Pyramide d) Quader

② Würfel

③ Ecken: 8 Kanten: 12

④

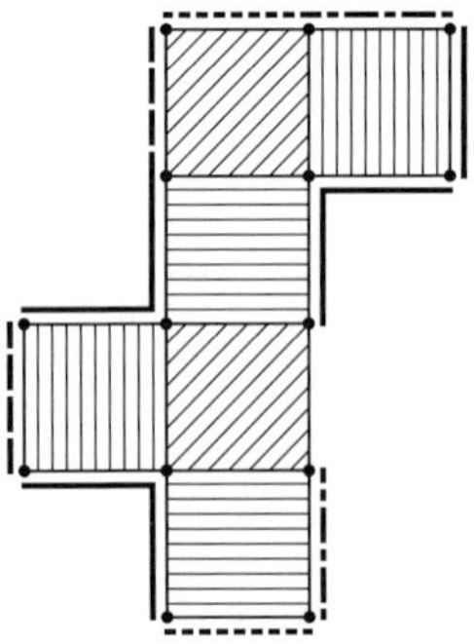

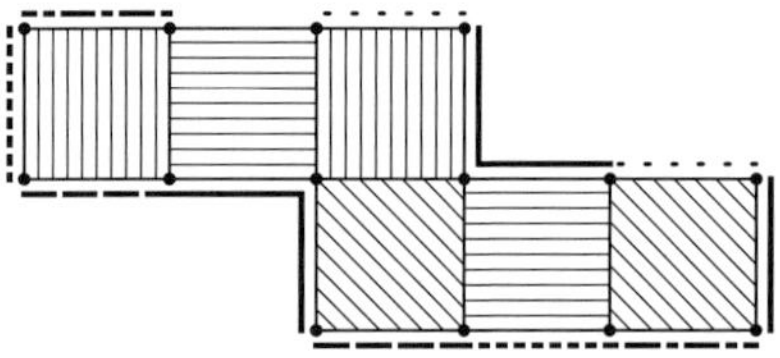

## 5/9 Seite: 17 — Körper II

① Zum Beispiel Butterbrotdose, Buch, Aquarium, Wasserkiste …

② Man muss **8** Würfel zusammensetzen, damit ein neuer, größerer entsteht.

③ Es werden **144 cm** Draht benötigt.

④ Zeichnung **b)** stellt ein Würfelnetz dar.

① Strecke: Sie hat einen Anfangs- und einen Endpunkt.
Halbgerade: Sie hat einen Anfangs- aber keinen Endpunkt.
Gerade: Sie hat weder einen Anfangs- noch einen Endpunkt.

②

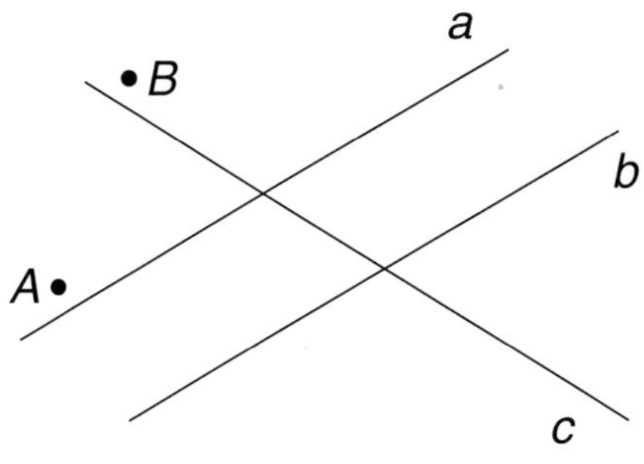


③ –

④

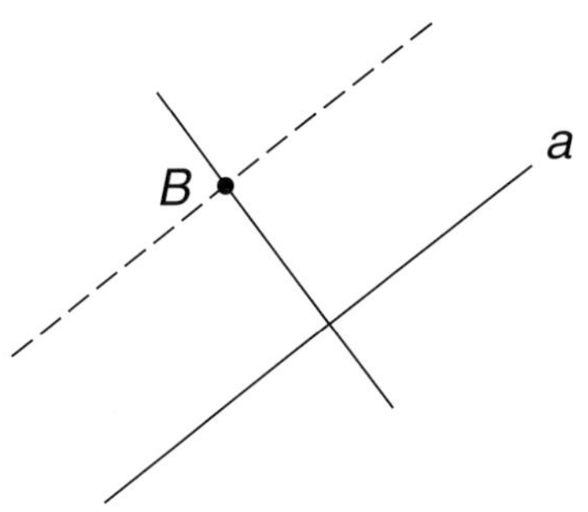


⑤ a) $e \perp c$ b) $a \parallel b$

## 5/11 Seite: 20 — Umrechnen von Größen I

① a) 1 400 ct b) 7,80 € c) 12,78 € d) 0,65 €

② a) 9 kg b) 12 000 g c) 4 000 kg d) 35,136 g

③ a) 764 g + **254 g** = 1 kg b) 0,593 kg + **0,407 kg** = 1 kg

c) 99 g + **901 g** = 1 kg d) 0,923 kg + **0,077 kg** = 1 kg

④ Der Inhalt der Einkaufstasche wiegt **8,32 kg**.

⑤ Birgit bringt **7,11 €** wieder mit nach Hause.

## 5/12 Seite: 21 — Umrechnen von Größen II

①

| km | | | m | | | | | |
|---|---|---|---|---|---|---|---|---|
| H | Z | E | H | Z | E | dm | cm | mm |
| | | 3 | 1 | 3 | 8 | 0 | 0 | 0 |
| | | | | | 8 | 5 | 6 | 0 |
| | | 3 | 2 | 6 | 3 | 0 | 0 | 0 |
| | | | | | 7 | 5 | 0 | 0 |
| | | | | | | | 7 | 8 |

② a) 2,53 m = 253 **cm** b) 7 m 6 cm = **706** cm c) 34 **dm** 6 **cm** = 34,6 dm

d) 0,58 km = **580** m e) **8**,**7** cm = 8 cm 7 mm f) 82,5 **m** = 82 m 5 **dm**

③ Ein Automotor macht in einer Stunde **288 000 Umdrehungen**.

④ 1 t

1 kg

10 g

10 kg

①

| Teilbar durch | 2 | 3 | 5 | 9 | 10 | 25 |
|---|---|---|---|---|---|---|
| 96 | × | × | — | — | — | — |
| 675 | — | × | × | × | — | × |
| 2 790 | × | × | × | × | × | — |
| 18 900 | × | × | × | × | × | × |
| 7 341 | — | × | — | — | — | — |

② a) f b) f

c) w d) f

e) w f) w

g) w h) w

③ a) kgV = kleinstes gemeinsames Vielfaches

b) ggT = größter gemeinsamer Teiler

④ a) ggT (6; 18) = 6, kgV (20; 30) = 60

b) ggT (5; 15; 20; 55) = 5, kgV (4; 7; 14; 28) = 28

⑤ 23, 29 ,31, 37

⑥ a) $12 = 2 \cdot 2 \cdot 3 = 2^2 \cdot 3$

b) $18 = 2 \cdot 3 \cdot 3 = 2 \cdot 3^2$

c) $30 = 2 \cdot 3 \cdot 5$

⑦ Nach **12 Minuten** fahren ein Zug und ein Bus gleichzeitig ab.

## 6/2 Seite: 24 Bruch – Einführung

① a) $\frac{2}{3}$ b) $\frac{3}{5}$ c) $\frac{1}{2}$ d) $\frac{4}{16}$ e) $\frac{3}{4}$ f) $\frac{1}{4}$

② a) $5\frac{1}{3}$ b) 7 c) $2\frac{17}{18}$ d) $9\frac{9}{13}$ e) $10\frac{2}{3}$ f) $12\frac{13}{27}$

③ a) $\frac{41}{8}$ b) $\frac{66}{7}$ c) $\frac{115}{9}$ d) $\frac{172}{8}$ e) $\frac{255}{14}$ f) $\frac{170}{22}$

④ a) 400 g b) 125 g c) 30 kg d) 16 min

⑤ a) $\frac{20}{48}$ b) $\frac{32}{48}$ c) $\frac{36}{48}$ d) $\frac{8}{48}$ e) $\frac{6}{48}$

⑥ a) $\frac{1}{2}$ b) $\frac{1}{5}$ c) $\frac{1}{8}$ d) $\frac{2}{9}$ e) $\frac{2}{5}$ f) $\frac{13}{17}$

⑦ Claudia erhielt **8**, Klaus **9** und Michael **7** Stimmen.
Damit hat **Klaus** die Wahl gewonnen.

⑧ Erdoberfläche = 153 Millionen $km^2$
Wasseroberfläche = 357 Millionen $km^2$

⑨ Die Hälfte von der Hälfte ist **ein Viertel**.

## 6/3 Seite: 26 Bruch – Addition/Subtraktion I

① a) $\frac{3}{5}$ b) $\frac{8}{4} = 2$ c) $\frac{8}{8} = 1$ d) $\frac{1}{7}$ e) $\frac{3}{12} = \frac{1}{4}$

f) $1\frac{7}{10}$ g) $\frac{7}{8}$ h) $\frac{7}{18}$ i) $\frac{5}{24}$ j) $\frac{7}{15}$

② a) $\frac{11}{12}$ b) $\frac{13}{24}$ c) $\frac{9}{14}$ d) $\frac{3}{10}$ e) $\frac{1}{56}$ f) $\frac{8}{51}$

③ a) $\frac{31}{8} = 3\frac{7}{8}$ b) $\frac{35}{22} = 1\frac{13}{22}$ c) $\frac{85}{24} = 3\frac{13}{24}$ d) $\frac{31}{4} = 7\frac{3}{4}$

## Seite: 27 Bruch – Addition/Subtraktion II 6/4

① $\frac{3}{4} + \frac{1}{2} = \frac{5}{4} = 1\frac{1}{4}$

② a) $x = \frac{1}{2}$ b) $x = \frac{4}{5}$ c) $x = \frac{2}{9}$ d) $x = \frac{4}{7}$ e) $x = \frac{4}{11}$ f) $x = \frac{3}{16}$

③ Die leere Kiste wiegt $\mathbf{3\frac{5}{12}}$ **kg**.

④ Der Ausflug dauert insgesamt **360 Minuten** bzw. **6 Stunden**.

## Seite: 28 Bruch – Multiplikation/Division I 6/5

① a) $\frac{21}{4} = 5\frac{1}{4}$ b) $\frac{9}{7} = 1\frac{2}{7}$ c) $\frac{4}{3} = 1\frac{1}{3}$ d) $\frac{4}{9}$ e) $\frac{1}{2}$

f) $\frac{9}{8} = 1\frac{1}{8}$ g) 8 h) $\frac{92}{3} = 30\frac{2}{3}$ i) $\frac{34}{7} = 4\frac{6}{7}$ j) $\frac{22}{3} = 7\frac{1}{3}$

② a) In 5 Sekunden legt der Schall $\mathbf{\frac{5}{3}}$ **km** $= 1\frac{2}{3}$ km zurück.

b) In $\frac{1}{2}$ Sekunde legt der Schall $\mathbf{\frac{1}{6}}$ **km** zurück.

③ a) $\frac{3}{28}$ b) $\frac{9}{10}$ c) $\frac{1}{2}$ d) 2 e) $\frac{3}{7}$

f) $\frac{10}{7} = 1\frac{3}{7}$ g) $\frac{14}{13} = 1\frac{1}{13}$ h) $\frac{16}{15} = 1\frac{1}{15}$ i) $\frac{15}{2} = 7\frac{1}{2}$ j) $\frac{24}{25}$

④ Er fährt im Durchschnitt **96 km/h**.

## Seite: 29 — Bruch – Multiplikation/Division II

① a)

| $\cdot$ | $\frac{2}{3}$ | $\frac{16}{12}$ | $\frac{9}{13}$ |
|---|---|---|---|
| $\frac{3}{4}$ | $\frac{1}{2}$ | 1 | $\frac{27}{52}$ |
| $\frac{1}{2}$ | $\frac{1}{3}$ | $\frac{2}{3}$ | $\frac{9}{26}$ |
| 5 | $3\frac{1}{3}$ | $6\frac{2}{3}$ | $3\frac{6}{13}$ |

b)

| : | $\frac{5}{8}$ | $\frac{6}{9}$ | 4 |
|---|---|---|---|
| $\frac{3}{8}$ | $\frac{3}{5}$ | $\frac{9}{16}$ | $\frac{3}{32}$ |
| $\frac{1}{3}$ | $\frac{8}{15}$ | $\frac{1}{2}$ | $\frac{1}{12}$ |
| 2 | $3\frac{1}{5}$ | 3 | $\frac{1}{2}$ |

② **284** Kinder fahren mit dem Bus.
**355** Kinder fahren mit dem Fahrrad.
**142** Kinder gehen zu Fuß.

③ Man kann **6 Gläser** füllen.

④ a) **6** Schüler sind insgesamt krank.

b) **2** Schüler haben Grippe.

c) Der Anteil der an Grippe erkrankten Schüler beträgt $\mathbf{\frac{1}{12}}$.

⑤ Für einen Kilometer braucht man demnach $\mathbf{\frac{1}{4}}$ **Stunde**.

① a) 9,9 b) 97,561 c) 17,59 d) 15,52

② Die Ladung wiegt **3,715 t**.

③

Kunde

**Gardinen Peters**

Familie Müller
Musterstraße 100
12345 Musterhausen

**Rechnung**

| Menge (m) | Warenart | Meterpreis (€) | Peis (€) |
|---|---|---|---|
| 7,15 | Gardine weiß | 6,40 | **45,76** |
| 3,40 | Gardine blau | 4,70 | **15,98** |
| 10,40 | Deko-Stoff rot | 12,25 | **127,40** |
| | | Rechnungssumme: | **189,14** |

④ a) 74,46 b) 121,2694 c) 25,725 d) 0,00006

⑤ Er muss **50,05 €** bezahlen.

## Dezimalbrüche II

① a) 1,26 187,76 14 789,35

b) 0,6 89,5 0,0

② –

③ 6,55 < 6,555 < 7,00987 < 7,01987 < 21,879 < 21,88 < 26,23 < 26,322

④ a) 0,5 0,75 $0,\overline{6}$

b) $\frac{3}{2}$ $\frac{1}{4}$ $\frac{7}{8}$

⑤ a) +

| | | |
|---|---|---|
| | **21,262** | |
| **6,554** | | **14,708** |
| 3,846 | 2,708 | 12 |

b) –

| | | |
|---|---|---|
| | **57,407** | |
| **87,646** | | **30,239** |
| 145,809 | 58,163 | 27,924 |

c) ·

| | | |
|---|---|---|
| | **453,6072** | |
| **30,12** | | **15,06** |
| 6 | 5,02 | 3 |

d) :

| | | |
|---|---|---|
| | **2,0736** | |
| **6,48** | | **3,125** |
| 16,2 | 2,5 | 0,8 |

## Seite: 33 — Rechteck und Quader — 6/9

① 

☐ ☒ ☐ ☐ ☒

② a) $A = 30\,\text{cm}^2$ b) $A = 322\,\text{m}^2$ c) $A = 1\,000\,\text{cm}^2 = 10\,\text{dm}^2$

③ $a = 37\,\text{mm}$

④ a) $420\,\text{cm}^3$ b) $4\,896\,\text{dm}^3$

⑤ $c = 19\,\text{cm}$

⑥ $A = 28\,\text{m}^2$
Das Verlegen kostet **1 428 €**.

## Seite: 34 — Winkel — 6/10

① a) 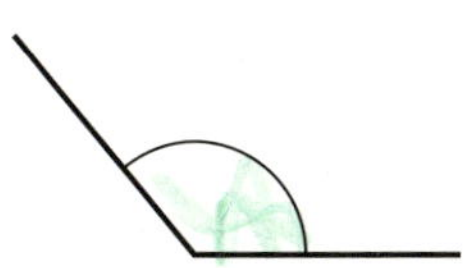

sp ☐ re ☐ st ☒

b) 

sp ☒ re ☐ st ☐

② –

③ –

④ Der Winkel ist 150° bzw. 210° groß.

⑤ Er hat **15 Tore mit dem Fuß** und **5 Tore mit dem Kopf** erzielt.

## 7/1 Seite: 35 Winkelgrößen berechnen

① a) $\alpha = 80°$, $\beta = 70°$, $\gamma = 80°$, $\delta = 30°$

b) $\alpha_1 = \alpha_3 = \alpha_5 = \alpha_7 = 45°$, $\alpha_2 = \alpha_4 = \alpha_6 = 135°$

② a) $\alpha = 50°$

b) $\alpha = 30°$, $\beta = 30°$, $\gamma = 50°$

③ Im Parallelogramm ergänzen sich Nebenwinkel zu 180° ($\alpha + \beta = 180°$, $\gamma + \delta = 180°$); gegenüberliegende Winkel sind gleich groß ($\alpha = \gamma$, $\beta = \delta$).

## 7/2 Seite: 36 Konstruktion von *n*-Ecken

① – ② – ③ –

④ Die Entfernung von $B$ zu $C$ beträgt **3 km**.

⑤ Die Leiter ist **6,96 m** lang.

## 7/3 Seite: 37 Eigenschaften von *n*-Ecken

①

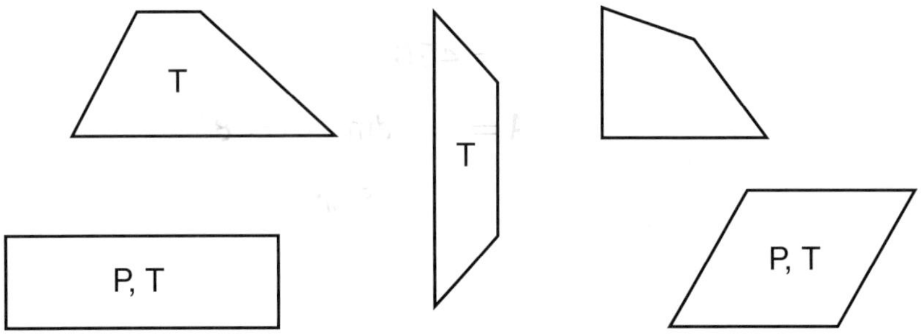


② Parallelogramm 1: $\overline{AZYX}$; Parallelogramm 2: $\overline{BYZX}$; Parallelogramm 3: $\overline{CZXY}$

③ a) Jedes Rechteck ist auch ein Parallelogramm. ☒

b) Jedes Trapez ist auch ein Quadrat. ☐

c) Jedes Parallelogramm ist auch ein Trapez. ☒

d) Jedes Quadrat ist auch ein Rechteck. ☒

## Seite: 38 — Um- und Inkreis des Dreiecks — 7/4

① a)

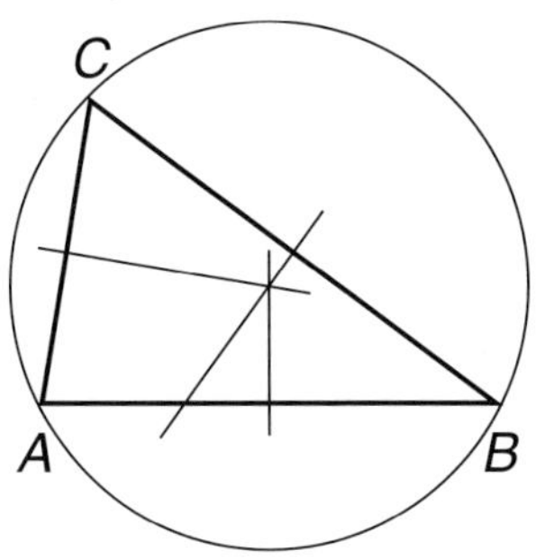


b)

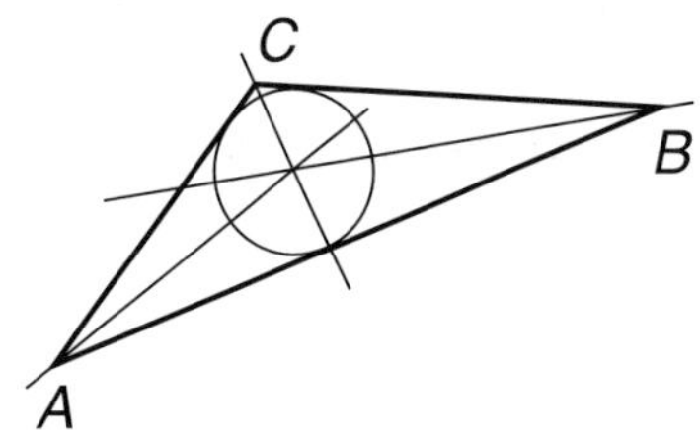


②

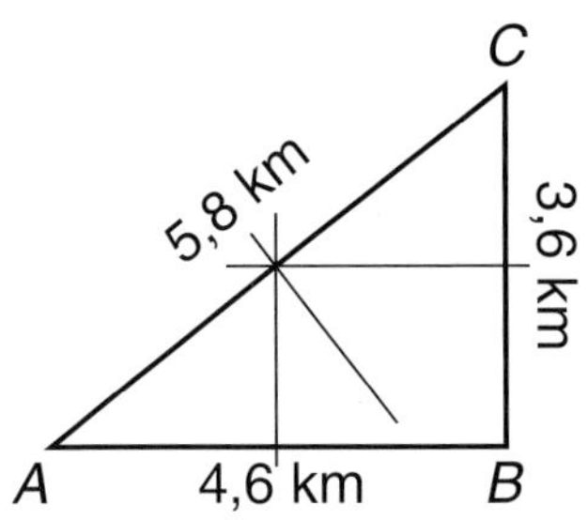


Schnittpunkt = Standort des Sportplatzes

③ Der Schnittpunkt der drei Mittelsenkrechten wandert auf der Mittelsenkrechten von $c$ nach oben bzw. nach unten.
Punkt $C$ weiter nach rechts: Schnittpunkt wandert nach oben.
Punkt $C$ weiter nach links: Schnittpunkt wandert nach unten.

## Seite: 39 — *A* und *U* von *n*-Ecken I — 7/5

① a) $A = 105\,\text{mm}^2$, $U = 44\,\text{mm}$
b) $A = 4\,761\,\text{m}^2$, $U = 344\,\text{m}$
c) $A = 13{,}92\,\text{cm}^2$, $U = 16{,}8\,\text{cm}$
d) $A = 336\,\text{dm}^2$, $U = 82\,\text{dm}$
e) $A = 117{,}15\,\text{m}^2$, $U = 45{,}5\,\text{m}$
f) $A = 26\,358\,\text{cm}^2$, $U = 639\,\text{cm}$

② a) Das gesamte Grundstück kostet **106 400 €**.
b) Der Zaun kostet **4 140 €**.

③ a) $A_{S1} = 9\,\text{m}^2$ $A_{S2} = 5{,}25\,\text{m}^2$ $A_{S3} = 21\,\text{m}^2$ $A_{S4} = 5{,}25\,\text{m}^2$
b) Die gesamte Verglasung kostet **6 075 €**.

④ $A = 44{,}04\,\text{m}^2$
Die Farbe für das Streichen der Hauswand kostet **330,30 €**.

⑤ $h = 3{,}45\,\text{cm}$

## 7/6 Seite: 41 — $A$ und $U$ von $n$-Ecken II

① a) $A = 192\,\text{cm}^2$, $U = 56\,\text{cm}$ b) $A = 12{,}3\,\text{cm}^2$, $U = 14{,}6\,\text{cm}$

c) $A = 14\,960\,\text{m}^2$, $U = 526\,\text{m}$ d) $A = 238\,000\,\text{mm}^2$, $U = 3\,210\,\text{mm}$

② $A = 1\,152\,\text{m}^2$, $U = 148\,\text{m}$

③ $A_P + A_T = (6{,}3 \cdot 4) + \left[\frac{1}{2} \cdot (6{,}3 + 12) \cdot 5{,}5\right] = 75{,}525\,\text{m}^2$

④ a) Es werden **5,175 m²** Holz benötigt.

b) Es werden **3,855 m²** Holz benötigt.

## 7/7 Seite: 43 — $A$ und $U$ von $n$-Ecken III

① a) $A = 16{,}1\,\text{cm}^2$, $U = 16{,}2\,\text{cm}$ b) $A = 45{,}6\,\text{dm}^2$

c) $A = 70{,}68\,\text{cm}^2$, $U = 42{,}6\,\text{cm}$ d) $A = 11\,564\,\text{cm}^2$

② a) $A = 28{,}35\,\text{cm}^2$, $U = 23{,}2\,\text{cm}$ b) $A = 7\,176\,\text{cm}^2$, $U = 381\,\text{cm}$

③ Wohnzimmer: $A = 18{,}36\,\text{m}^2$
Flur: $A = 5{,}61\,\text{m}^2$
Küche: $A = 9{,}6\,\text{m}^2$
Bad: $A = 5{,}7\,\text{m}^2$

Das gesamte Stockwerk hat eine Größe von **39,27 m²**.

④ a) $A = 10{,}25\,\text{m}^2$.

b) Die Kosten für die Verkleidung betragen **217,81 €**.

⑤ a) $A = 805\,\text{m}^2$

b) Er muss **5 635 €** bezahlen.

⑥ Die Spieler sind nach 7 Runden **2 450 m** gelaufen.

# Prozentrechnung I

① a) $\frac{15}{100} = 15\,\%$ b) $\frac{30}{100} = 30\,\%$ c) $\frac{10}{100} = 10\,\%$ d) $\frac{40}{100} = 40\,\%$

② $\frac{9}{20} = \frac{45}{100} = 45\,\%$

③

| | a) | b) | c) | d) | e) | f) | g) | h) |
|---|---|---|---|---|---|---|---|---|
| *G* | 740 € | 65 cm | **300 €** | 1 575 $m^2$ | 240 m | **50 km** | 1 740 € | 8 kg |
| *P* | **51,8 €** | 45,5 cm | 75 € | **519,75 $m^2$** | 150 m | 3,6 km | **1 131 €** | 700 g |
| *p* % | 7 % | **70 %** | 25 % | 33 % | **62,5 %** | 7,2 % | 65 % | **8,75 %** |

④ a) **400** Personen wurden befragt.

b) **30 %** bevorzugen Unterhaltungssendungen.

c) **380** Personen schalten regelmäßig Nachrichtensendungen ein.

⑤ Insgesamt sind **54 000** Menschen an Lungenkrebs gestorben.

① a)

| Note | 1 | 2 | 3 | 4 | 5 | 6 |
|---|---|---|---|---|---|---|
| Anzahl Schüler | 2 | 4 | 7 | 6 | 5 | 1 |
| in Prozent % | 8 | 16 | 28 | 24 | 20 | 4 |

b)

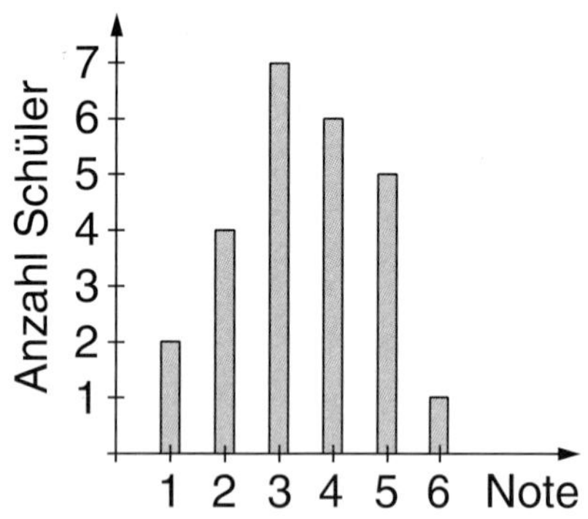


c)

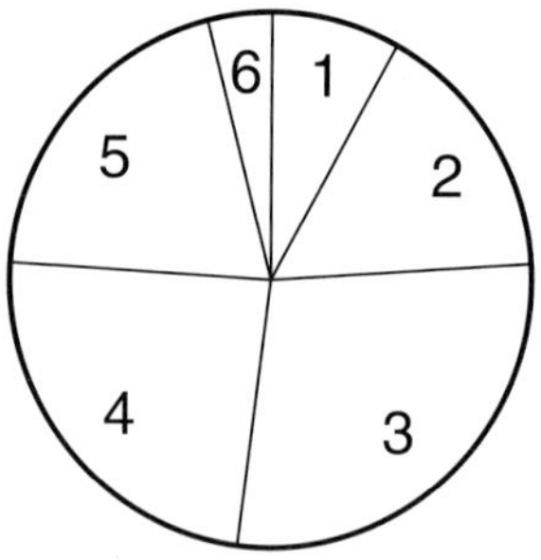


②

| | a) | b) | c) |
|---|---|---|---|
| $z$ % | 3 | **2** | 6 |
| $K$ | 19 400 € | 22 000 € | **8 000 €** |
| $z$ | **582 €** | 440 € | 480 € |

③ Der Kunde muss **21 842 €** bezahlen.

④ a) Die Kosten für den Wasserverbrauch für das ganze Haus betrugen **600 €**.

b) Das sind **30 %** der Gesamtkosten.

c) Die Hausbesitzerin bezahlt **210 €**, das entspricht 35 %.

⑤ Angebot A ist mit einem Zinssatz von **8,75 %** günstiger als Angebot B (**11,64 %**).

① a) $\frac{4}{100}$ b) $\frac{17}{100}$ c) $\frac{64}{100}$ d) $\frac{133}{100}$

② a) $\frac{6}{100} = 6\,\%$ b) $\frac{50}{100} = 50\,\%$ c) $\frac{70}{100} = 70\,\%$ d) $\frac{65}{100} = 65\,\%$

③ a) $\frac{1}{4} = \frac{25}{100} = 25\,\%$ b) $\frac{3}{5} = \frac{60}{100} = 60\,\%$ c) $\frac{16}{20} = \frac{80}{100} = 80\,\%$

④ Die Bratwurst enthält **42 g** Fett.

⑤ Ein erwachsener Elefant wiegt ca. **4 500 kg**.

⑥ Angebot 2 ist um **3 %** teurer.

## Prozentrechnung IV

①

| | a) | b) | c) |
|---|---|---|---|
| *G* | 850 € | 55 cm | **113,33 €** |
| *P* | **51 €** | 35,5 cm | 85 € |
| *p* % | 6 % | **64,55 %** | 75 % |

② Der normale Preis betrug **200 €**.

③

Kunde

Regina Lauert
Winterweg 22
20312 Hamburg

**PC Bedarf**
**Schneider & Co**

**Rechnung**

| Anzahl | Artikel | Einzelpreis | Gesamtpreis |
|---|---|---|---|
| 3 | Diskettenboxen | 9,30 € | **27,90 €** |
| 5 | Pakete UWS-Papier | 11,20 € | **56,00 €** |
| 12 | Farbbänder NEC P | 8,50 € | **102,00 €** |
| | | Summe: | **185,90 €** |
| | | +16 % MwSt: | **29,74 €** |
| | | Rechnungssumme: | **215,64 €** |

④ a) Die Anlage wird **128 €** teurer.

b) Die Anlage kostet zuzüglich Mehrwertsteuer **928 €**.

⑤ Produkt A: Erhöhung um **8,75 %**
Produkt B: Erhöhung um **11,5 %**
Damit wurde der Preis von Produkt B prozentual stärker erhöht

①

| Kehrmaschinen | 1 | 3 | 4 | 6 | 9 | 12 |
|---|---|---|---|---|---|---|
| Zeitaufwand (in Std.) | 12 | 4 | 3 | 2 | $1\frac{1}{3}$ | 1 |

② Auf 460 km verbraucht der Laster **55,2 l**.

③ Für die restliche Strecke wird sie noch **140 Minuten** (2 Std. 20 min) benötigen.

④ a) Er hat **2 812,50 €** eingenommen.

b) **650** Zuschauer müssen mindesten kommen.

c) Die Gesamteinnahmen würden **11 062,50 €** betragen.

d) Es würden insgesamt mindestens **1 475** Zuschauer kommen.

⑤ a) Jeder Bauplatz kann **1 200 m²** groß werden.

b) Es würden **60** Bauplätze entstehen.

 Seite: 51

## Zuordnungen II

①

| Gewicht in g | Preis in € |
|---|---|
| 200 | 4 |
| 600 | **12** |
| 800 | **16** |
| **1 800** | 36 |

| Fläche in $m^2$ | Preis in € |
|---|---|
| 120 | 18 000 |
| 40 | **6 000** |
| 37 | **5 550** |
| **145** | 21 750 |

② a) Eine ganze Tankfüllung reicht **800 km**.

b) Er wird **33,6 l** verbrauchen.

③ a) Er ist im Durchschnitt mit **60 km/h** gefahren.

b) Er legt in 6 Stunden **360 km** zurück.

④

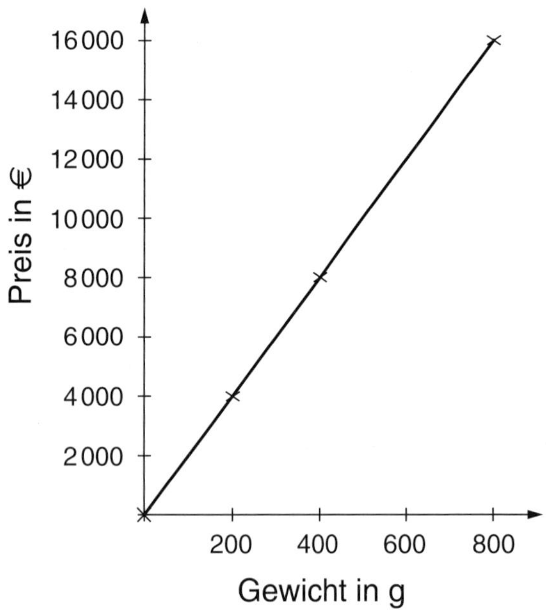


⑤

| Verbrauchte Einheiten | Gesamtkosten in € |
|---|---|
| 25 | **13,25** |
| 200 | **39,50** |
| 300 | **54,50** |
| 450 | **77,00** |

⑥ Es werden **125 g** Samen benötigt.

## Seite: 53 — Zuordnungen III — 7/14

①

| Anzahl Pferde | Futtervorrat hält ... Tage |
|---|---|
| 60 | 72 |
| 40 | **108** |
| **27** | 160 |

② a) Man erhält **241 $\frac{2}{3}$ kg** Zucker.

b) Man benötigt **20 550 kg** Rüben

③ Sie müssten **2 688 €** bezahlen.

④ Sie brauchen **10 Stunden**.

## Seite: 54 — Zuordnungen IV — 7/15

① a)

| Gewicht in g | Preis in € |
|---|---|
| 9 | 12,15 |
| 12 | **16,20** |
| 17 | **22,95** |
| 23 | **31,05** |
| **38** | 51,30 |

b)

| Anzahl Bauarbeiter | Arbeitszeit in Stunden |
|---|---|
| 4 | 10 |
| 5 | **8** |
| 16 | **2,5** |
| 18 | **2,22** |
| **10** | 4 |

②

*Züricher Nudelsalat für ~~4~~ 6 Personen*

*~~270~~ 405 g Nudeln*
*~~160~~ 240 g gekochten Schinken*
*~~120~~ 180 g Möhren*
*~~120~~ 180 g Mini-Champignons*
*~~170~~ 255 g Emmentaler*
*~~100~~ 150 g Erbsen*

③

| Seite *a* in cm | Seite *b* in cm |
|---|---|
| 8 | 2 |
| 4 | **4** |
| 18 | **0,89** |
| 30 | **0,53** |

④ a) 60 km = 54,40 €, 120 km = 62,80 €, 250 km = 81 €

b) Er ist **50 km** gefahren.

## 7/16 Seite: 55 Rationale Zahlen – Addition/Subtraktion

①

| Monat | Januar | Februar | März | April | Mai |
|---|---|---|---|---|---|
| Kontostand | +900 € 1 | +650 € 2 | −30 € 4 | −280 € 5 | +130 € 3 |
| Veränderung | — | −250 € | −680 € | −250 € | +410 € |

② a) f b) w c) f

d) w e) f f) w

g) f h) f i) w

③

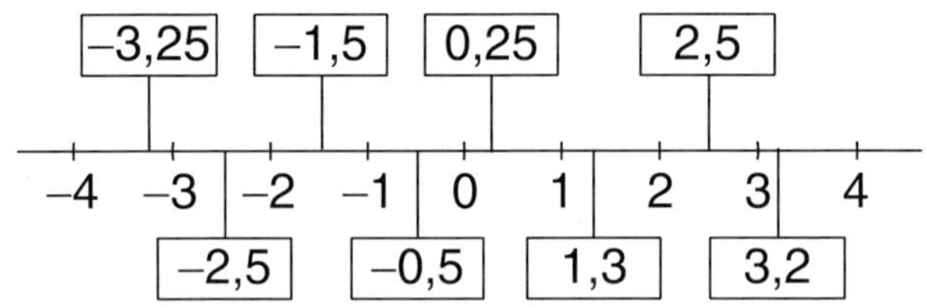


④

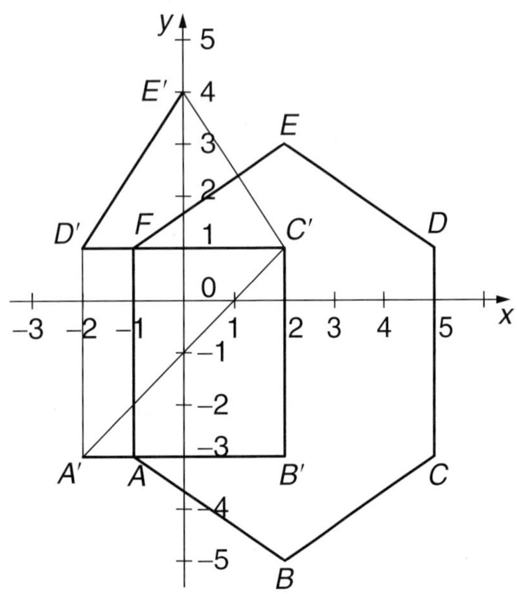


⑤ a) 8, 7, 13,3, $6\frac{1}{2}$ b) −3, −14, −10,7, $-5\frac{1}{2}$ c) 36, 28, −15,6, −1

| a) | b) | c) |
|---|---|---|
| 8 | −3 | 36 |
| 7 | −14 | 28 |
| 13,3 | −10,7 | −15,6 |
| $6\frac{1}{2}$ | $-5\frac{1}{2}$ | −1 |

⑥ Yannik muss **15 Minuten** warten.

## 7/17 Seite: 57 Rationale Zahlen – Multiplikation/Division

① a) −21 b) 10 c) −3,5

d) 2 e) −9 f) $-\frac{2}{3}$

g) 4 h) $\frac{1}{100}$ i) 12

② a) 94 b) 48

c) 20,3 d) −6

e) −0,52 f) −12

③ a) $x = -2$ b) $x = -2{,}5$ c) $x = -32$

④ a)

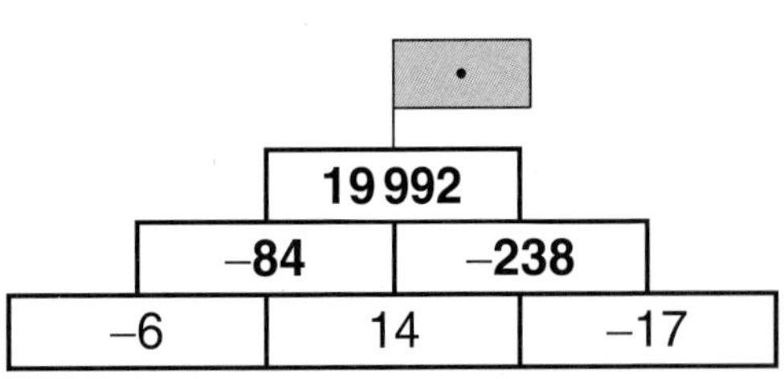


b)

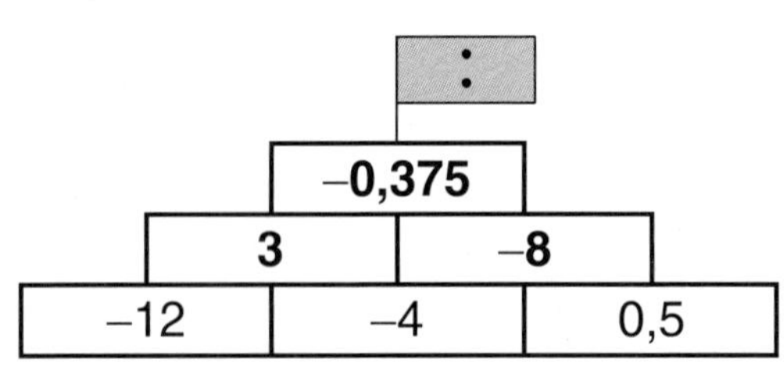

① a) Gewicht ⟶ Person = keine Funktion:
Einer Gewichtsgröße können mehrere Personen zugeordnet werden.

b) Person ⟶ Gewicht = Funktion:
Einer Person kann nur genau ein Gewicht zugeordnet werden.

②

| | $x$ | $-4$ | $-3$ | $-0,5$ | $0$ | $1,5$ | $2$ |
|---|---|---|---|---|---|---|---|
| a) | $y$ | $-19$ | $-15$ | $-5$ | $-3$ | $3$ | $5$ |
| b) | $y$ | $4\frac{3}{5}$ | $4\frac{1}{5}$ | $3\frac{1}{5}$ | $3$ | $2,4$ | $2\frac{1}{5}$ |

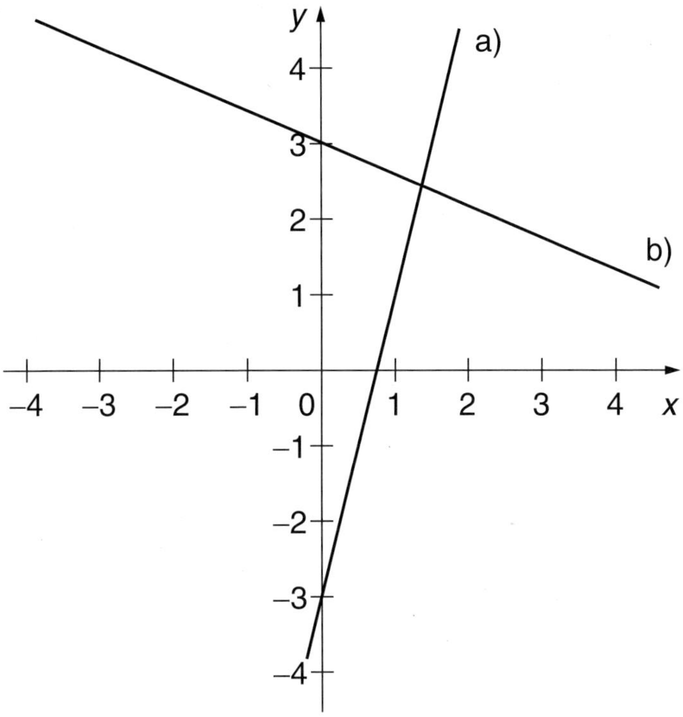


③ $P_1$: ja $P_2$: nein $P_3$: nein $P_4$: nein $P_5$: ja

④ $P_1(-3; \mathbf{-13})$ $P_2(2; \mathbf{2})$ $P_3(\mathbf{3}; 5)$ $P_4(\mathbf{\tfrac{2}{3}}; -2)$

⑤ a) $0{,}13x = y$

b) 350 g = 45,50 € 80 g = 10,40 € 9 350 g = 1 215,50 €

# Lineare Funktionen II

①

| | $x$ | $-4$ | $-3$ | $-2{,}5$ | $0$ | $0{,}5$ | $1$ | $2$ | $3$ | $4$ |
|---|---|---|---|---|---|---|---|---|---|---|
| a) | $y$ | $-5$ | $-3$ | $-2$ | $3$ | $4$ | $5$ | $7$ | $9$ | $11$ |
| b) | $y$ | $2\frac{4}{5}$ | $2\frac{3}{5}$ | $2{,}5$ | $2$ | $1\frac{9}{10}$ | $1\frac{4}{5}$ | $1\frac{3}{5}$ | $1\frac{2}{5}$ | $1\frac{1}{5}$ |

② a)

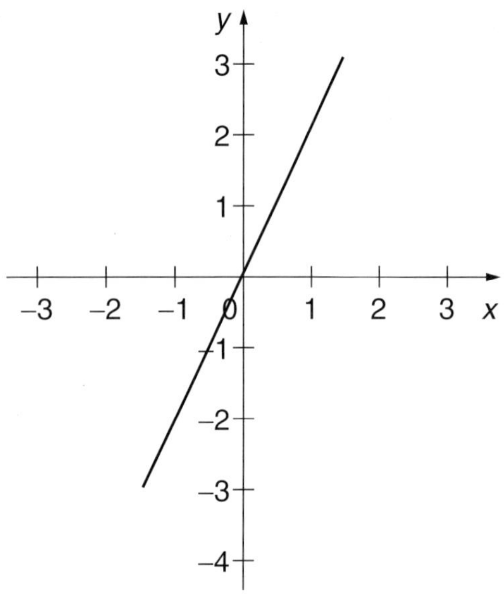


b)

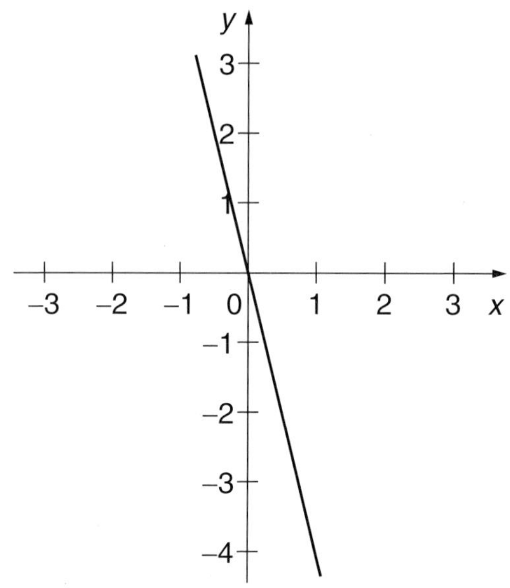


c)

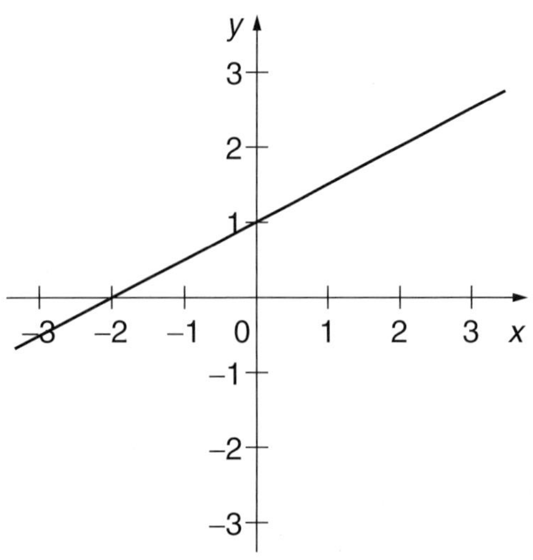


③ a) $y = 4x - 4$ b) $y = x + 1$ c) $y = \frac{1}{3}x + \frac{2}{3}$

④ a) $y = 0{,}02x + 24{,}75$

b) 150 Einheiten = 27,75 € 240 Einheiten = 29,55 € 400 Einheiten = 32,75 €

⑤ a) $y = 3x + 1$ b) $y = -\frac{1}{2}x - 1$

① $m = \frac{y_2 - y_1}{x_2 - x_2}$

② a) $y = 2x + 6$  b) $y = -\frac{3}{2}x + 1$

③ a) $y = 3x + 2$  b) $y = -2x - 1$  c) $y = -\frac{1}{2}x + \frac{1}{2}$

④ Angekreuzt werden müssen **a)**, **c)**, **d)**.

⑤

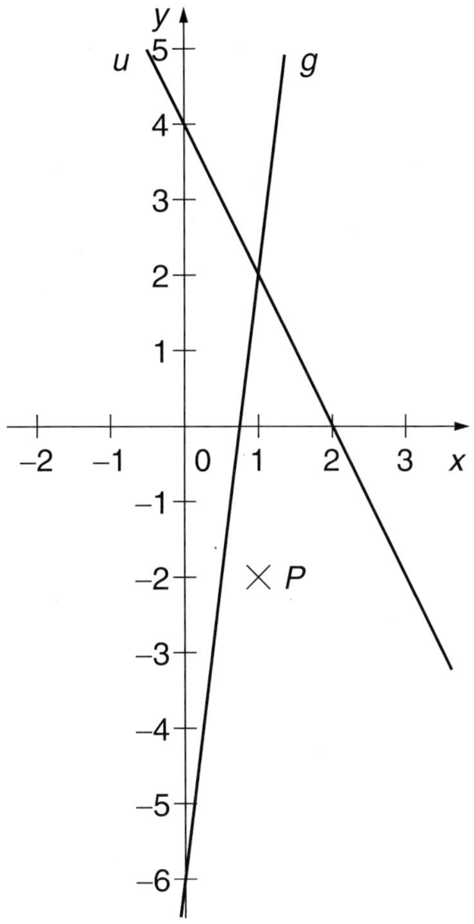


Punktprobe:

$P$ in $y = 8x - 6$ einsetzen:
$-2 = 8 \cdot 1 - 6$
$-2 = 2$
$P$ liegt nicht auf der Geraden.

$P$ in $y = -2x + 4$ einsetzen:
$-2 = -2 \cdot 1 + 4$
$-2 = 2$
$P$ liegt nicht auf der Geraden.

$P$ ist nicht Schnittpunkt der beiden Geraden.

## 8/4 Seite: 61 — Binomische Formeln I

① a) $(x - y)^2 = (x - y)(x - y) = x \cdot x - x \cdot y - y \cdot x + y \cdot y = x^2 - 2xy + y^2$

b) $(x + y)^2 = (x + y)(x + y) = x \cdot x + x \cdot y + y \cdot x + y \cdot y = x^2 + 2xy + y^2$

c) $(x + y)(x - y) = x \cdot x - x \cdot y + y \cdot x - y \cdot y = x^2 - y^2$

② a) $x = \frac{1}{3}$  b) $x = 9$  c) $x = 5$  d) $x = 12$

③ a) $y^2 + 6y + 9$  b) $y^2 - 8y + 16$  c) $y^2 - 64$

④ Der Flächeninhalt des Quadrates lässt sich direkt oder mittels Addition berechnen:

Direkt: $A_Q = (a + b)^2$

Addition: $A_Q = ab + ab + a^2 + b^2$
$= a^2 + 2ab + b^2$

Da beide Flächen gleich groß sind, gilt die 1. binomische Formel.

## 8/5 Seite: 62 — Binomische Formeln II

① a) $(40 + 1)(40 - 1) = 40^2 - 1^2 = 1\,600 - 1 = 1\,599$

b) $(200 - 1)(200 + 1) = 200^2 - 1^2 = 40\,000 - 1 = 39\,999$

c) $(50 - 3)(50 + 3) = 50^2 - 3^2 = 2\,500 - 9 = 2\,491$

② a) $x^2 + \mathbf{2xy} + y^2 = (x + y)^2$  b) $g^2 - \mathbf{6g} + 9 = (g - 3)^2$

c) $36u^2 - \mathbf{12uq} + q^2 = (\mathbf{6u} - q)^2$  d) $e^2 + \mathbf{18ev} + 81v^2 = (\mathbf{e} + \mathbf{9v})^2$

③ a) $x^2 + 2x + 1$  b) $y^2 - y + 0{,}25$  c) $9s^2 - 16$

④ Der Flächeninhalt des grauen Quadrates lässt sich direkt oder mittels Subtraktion berechnen:

Direkt: $A_Q = (a - b)^2$

Addition: $A_Q = a^2 - b^2 - b(a - b) - b(a - b)$
$= a^2 - b^2 - ab + b^2 - ab + b^2$
$= a^2 - 2ab + b^2$

Da beide Flächen gleich groß sind, gilt die 2. binomische Formel.

## Seite: 63 — Terme und lineare Gleichungen I — 8/6

① a) $5x + 9$ b) $5y + 14$ c) $5a + 2$ d) $w + 3$ e) $6x$ f) $23x$

② a) 27 b) 49 c) 18 d) 57 e) 6

③ a) $x = 18$ b) $y = 24$ c) $d = 2$ d) $x = 19$ e) $c = 12$ f) $x = 2$

④ a) $2a + 2b = U$ b) $b = 11{,}25\,\text{cm}$

⑤ $U = 5x$
$U = 5 \cdot 7\,\text{cm} = 35\,\text{cm}$

## Seite: 64 — Terme und lineare Gleichungen II — 8/7

① a) $x = 16$ b) $z = 119$ c) $x = 5$ d) $y = 12$ e) $x = -30$
f) $x = 40$ g) $a = 2$ h) $x = 17$ i) $m = 20$ j) $y = 8{,}8$

② a) $x = 1$ b) $a = 2$ c) $m = 4$ d) $x = 7$ e) $y = 2\frac{1}{3}$ f) $a = -8$

③ a) $U = 6a + 3k$ b) $U = 54\,\text{cm}$

④ $U = 12k$ $k = 5\,\text{cm}$

⑤ $65x + 0{,}75y = \text{Preis}$
$65 \cdot 5 + 0{,}75 \cdot 120 = 415$

Der Preis beträgt **415 €**.

## Terme und lineare Gleichungen III

① a) $4(2-3)+6=2$

$4(-3-3)+6=-18$

$4\left(\frac{1}{3}-3\right)+6=-4\frac{2}{3}$

b) $3\cdot 2+4\cdot 2=14$

$3\cdot(-3)+4\cdot(-3)=-21$

$3\cdot\frac{1}{3}+\frac{4}{3}=2\frac{1}{3}$

c) $(2-2)(2+3)=0$

$(-3-2)(-3+3)=0$

$\left(\frac{1}{3}-2\right)\left(\frac{1}{3}+3\right)=-5\frac{5}{9}$

d) $16-[4(2+6)]\cdot 2^2=-112$

$16-[4(-3+6)]\cdot(-3)^2=-92$

$16-\left[4\left(\frac{1}{3}+6\right)\right]\cdot\left(\frac{1}{3}\right)^2=13\frac{5}{27}$

② $x^2-3x+2x-6=x^2-x-6$

$x^2-x-6=x^2-x-6$

Die beiden Terme sind äquivalent.

③ a) $4x+5$

b) $4x+5+21y$

④ a) $127x=14\,097$; $x=111$

b) $2y-14=11$; $x=12{,}5$

c) $(x+3)\cdot 5=102$; $x=17{,}4$

⑤ $2\cdot(2a)+a=105{,}5$

$5a=105{,}5$

$a=21{,}1$

## Seite: 66 Wurzelgesetze

9/1

① a) $\sqrt{81} = 9$ b) $\sqrt{324} = 18$ c) $6 \cdot 4 \cdot 11 = 264$ d) $\sqrt{25} = 5$

e) $\sqrt{0{,}36} = 0{,}6$ f) $\sqrt{49} = 7$ g) $\sqrt{144} = 12$ h) $2 \cdot 5 = 10$

② a) $10y$ b) $3x$ c) $3m^2n^2$ d) $6xy$ e) $3\,\frac{1}{3}$

③ a) $9 \cdot \sqrt{10}$ b) $17\sqrt{x}$ c) $\frac{a\sqrt{3}}{4}$

d) $4ac\sqrt{5}$ e) $2\sqrt{10}$ e) $\frac{1}{2}\sqrt{45}$

④ a) $8{,}6\sqrt{3}$ b) $-45\sqrt{2}$ c) $19{,}1a\sqrt{a}$ d) $20\sqrt{7}$ e) $19\sqrt{11}$

## Seite: 67 Lineare Gleichungssysteme I

9/2

① $\left| \begin{array}{l} y = 3x + 2 \\ y = -x - 2 \end{array} \right|$

$x = -1, \quad y = -1$

② a) $\left| \begin{array}{l} x + y = 25 \\ y + 2x = 45 \end{array} \right|$ b) $\left| \begin{array}{l} y = 25 - x \\ y = 45 - 2x \end{array} \right|$ c) $x = 20, \quad y = 5$

③

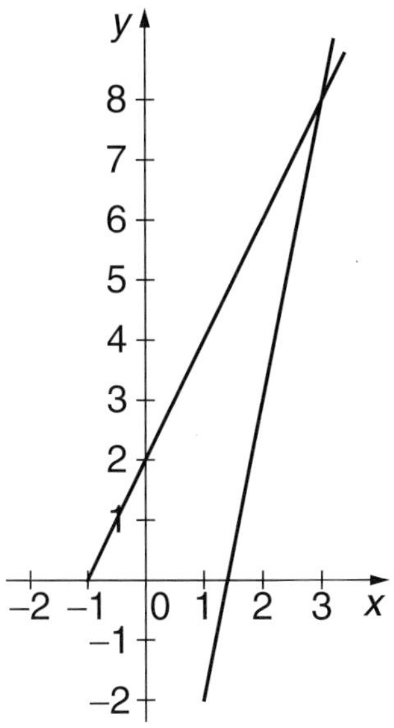


$x = 3, \quad y = 8$

④ a) $x = -3, \quad y = 3$

b) $x = 3, \quad y = -2$

⑤ $x = 12, \quad y = 20$

⑥ a) $x = 4, \quad y = 3$

b) $x = 1, \quad y = 7{,}5$

## Seite: 68 Lineare Gleichungssysteme II

① a) $x = 4, \quad y = 6$ b) $x = 1\frac{1}{2}, \quad y = 1$ c) $x = 2, \quad y = 20$

d) $x = 5, \quad y = 2$ e) $x = 3, \quad y = 5$ f) $x = 8, \quad y = 7$

② a) Das Gleichungssystem hat keine Lösung, da die beiden Geraden keinen gemeinsamen Punkt haben. Es sind zwei zueinander parallele Geraden.

b) Das Gleichungssystem hat unendlich viele Lösungen, da die beiden Geraden identisch sind und somit unendlich viele gemeinsame Punkte haben.

③ $$\left| \begin{array}{l} \frac{c \cdot h_c}{2} = 1\,600\,\text{dm}^2 \\ c = 2h_c \end{array} \right|$$

$c = 80\,\text{dm}, \quad h_c = 40\,\text{dm}$

④ $$\left| \begin{array}{l} 2b + a = 30\,\text{cm} \\ a = b + 6\,\text{cm} \end{array} \right|$$

$a = 14\,\text{cm}, \quad b = 8\,\text{cm}$

①

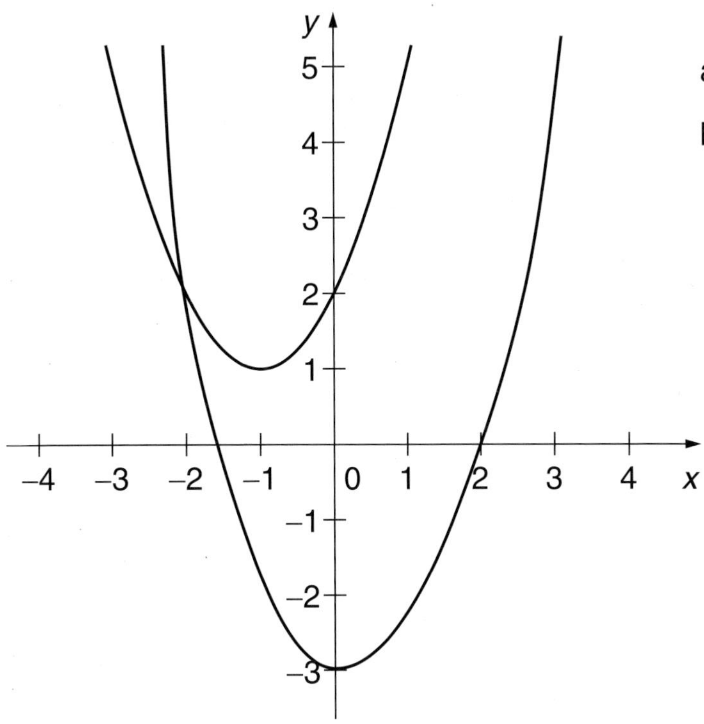


a) $x_1 = 2, \quad x_2 = -1{,}5$

b) keine Lösung

② a) $x_1 = 6, \quad x_2 = -6$ b) $b = 0$ c) $c_1 = \frac{4}{7}, \quad c_2 = -\frac{4}{7}$

d) $a_1 = 4, \quad a_2 = -4$ e) $b_1 = 14, \quad b_2 = -14$ f) $a_1 = \frac{2}{3}, \quad a_2 = -\frac{2}{3}$

③ a) $a_1 = 19, \quad a_2 = -13$ b) $x_1 = -3, \quad x_2 = -6$ c) $x_1 = 9, \quad x_2 = -3$

d) keine Lösung e) $x_1 = 1, \quad x_2 = -19$ f) $x_1 = 1, \quad x_2 = -2$

④ a) $x^2 - 76 = 500$ $x_1 = 24, \quad x_2 = -24$

b) $(x + 3)^2 = 28{,}09$ $x_1 = 2{,}3, \quad x_2 = -8{,}3$

c) $(2x)^2 = 20x$ $x_1 = 0, \quad x_2 = 5$

## 9/5 Seite: 70 Quadratische Gleichungen II

① a) $x_1 = -2, \quad x_2 = -12$ b) keine Lösung c) $a_1 = 17, \quad a_2 = -11$

d) $x_1 = 8, \quad x_2 = -6\frac{1}{2}$ e) $a_1 = -7, \quad a_2 = -5$ f) $x_1 = 10, \quad x_2 = -14$

② a) $x_1 = 2, \quad x_2 = -12$ b) $x_1 = 3, \quad x_2 = 9$

c) $a_1 = 6, \quad a_2 = 1$ d) $x_1 = -1, \quad x_2 = -4$

e) $x_1 = 4, \quad x_2 = -2$ f) keine Lösung

③ a) $x^2 = 2x \qquad x_1 = 0, \quad x_2 = 2$

b) $-x^2 = x \qquad x_1 = 0, \quad x_2 = -1$

④ a) Es gibt genau **eine** Lösung.

b) Es gibt **keine** Lösung

## 9/6 Seite: 71 Satz des Pythagoras I

① Im rechtwinkligen Dreieck ist die Summe der Flächeninhalte der beiden Kathetenquadrate gleich dem Flächeninhalt des Hypothenusenquadrats.

② a) $c = 5\,\text{cm}$

b) $c = 30\,\text{dm}$

c) $b = 8\,\text{m}$

d) $a = \sqrt{113} = 10{,}63\,\text{cm}$

e) $c = \sqrt{63} = 7{,}94\,\text{cm}$

③ a) $x = \sqrt{914}\,\text{cm} = 30{,}23\,\text{cm}$

b) $y = \sqrt{1\,155}\,\text{cm} = 33{,}99\,\text{cm}$

c) $z = \sqrt{74\,880}\,\text{cm} = 273{,}64\,\text{cm}$

④ Die Leiter reicht **3,27 m** hoch.

⑤ Ein Dachbalken *d* ist **6,8 m** lang.

## Seite: 72 Satz des Pythagoras II

**9/7**

①

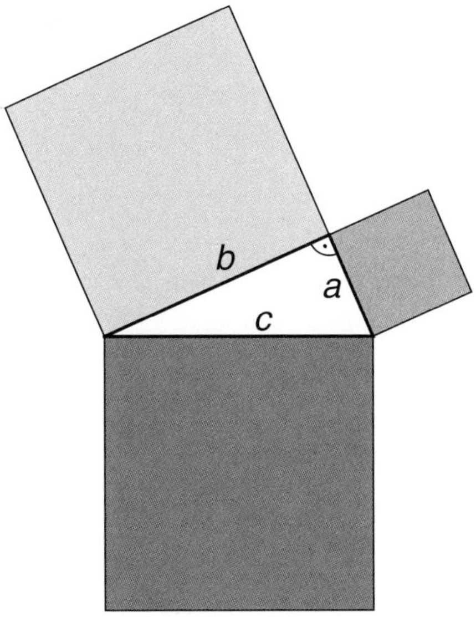


② a) $\sqrt{2} = 1{,}41$ b) $\sqrt{74} = 8{,}6$

③ $d = 22{,}80\,\text{cm}$

④ $h = 17{,}32\,\text{cm}$, $\boldsymbol{A = 173{,}20\,\text{cm}^2}$

⑤ Die Wände stehen nicht senkrecht aufeinander, denn dann müsste gelten $14^2 + 8^2 = 17^2$, aber $260 \neq 289$

## Seite: 73 Satz des Pythagoras III

**9/8**

① a) $c^2 = h^2 + s^2$ $b^2 = r^2 + h^2$ $a^2 = b^2 + c^2$

b) $b^2 = ar$ $c^2 = as$

② a) $c = 7{,}63\,\text{cm}$, $h = 3{,}41\,\text{cm}$, $p = 2{,}1\,\text{cm}$, $q = 5{,}53\,\text{cm}$

b) $h = 10{,}95\,\text{dm}$, $c = 29{,}39\,\text{dm}$, $a = 26{,}83\,\text{dm}$, $p = 24{,}49\,\text{dm}$

c) $a = 5{,}42\,\text{m}$, $b = 6{,}42\,\text{m}$, $c = 8{,}39\,\text{m}$, $h = 4{,}14\,\text{m}$

d) $a = 82{,}55\,\text{mm}$, $b = 119{,}21\,\text{mm}$, $h = 67{,}87\,\text{mm}$, $p = 47\,\text{mm}$

③ $s = 3\,265{,}08\,\text{m}$

④ $b = 7{,}756\,\text{m}$

## 9/9 Seite: 74 Ähnlichkeit

① a) $\frac{\overline{AB}}{\overline{CD}} = 1{,}2$ b) $\frac{\overline{AB}}{\overline{CD}} = 2$

② –

③ $A$ und $B$ sowie $C$ und $D$

④ a) $b' = 21\,\text{cm}$, $c' = 12\,\text{cm}$

b) $c = 31\,\text{cm}$, $a' = 16{,}25\,\text{cm}$, $c' = 19{,}38\,\text{cm}$

## 9/10 Seite: 75 Strahlensätze

① a) $p_1 = 2{,}22\,\text{cm}$, $t_2 = 9{,}1\,\text{cm}$ b) $s_1 = 12{,}78\,\text{cm}$, $p_2 = 16{,}77\,\text{cm}$

② a) $x = 0{,}902$ b) $x = 7{,}61$

③ Der Turm ist **59,32 m** hoch.

④ Der Fluss ist **2,57 m** breit

## 9/11 Seite: 77 Berechnungen am Kreis

① a) $U = 31{,}42\,\text{cm}$ b) $U = 464{,}96\,\text{dm}$ c) $d = 2{,}5\,\text{m}$

② a) $A = 2\,463{,}01\,\text{mm}^2$ b) $a = 817\,128{,}25\,\text{m}^2$ c) $r = 43{,}99\,\text{m}$

③ Das Gebiet ist **11 309,73 km²** groß.

④ Querschnitt $= 405{,}26\,\text{mm}^2$

## Kreis und Zylinder



① Der Äquator ist **10 901,33 km** lang.

② $d_2 = 0{,}64\,\text{m}$ $d_3 = 0{,}95\,\text{m}$ $d_5 = 1{,}59\,\text{m}$

③ a) Der Umfang verdoppelt sich.

b) Der Flächeninhalt vervierfacht sich.

④

| | Radius | Höhe | Oberfläche | Volumen |
|---|---|---|---|---|
| a) | 8 cm | 20 cm | **1 407,43 cm²** | **4 021,24 cm³** |
| b) | 147 dm | 350 dm | **459 043,24 dm²** | **23 760 336,48 dm³** |
| c) | 7 mm | **14,99 mm** | 967,12 mm² | **2 307,53 mm³** |
| d) | 1,5 dm | **4,35 dm** | **55,13 dm** | 30,78 dm³ |

⑤ Die Fläche, die beklebt werden kann, beträgt **9,42 m²**.

## 10/1 Seite: 79 — Potenzgesetze I

① a) 7 000 000  b) 3 150 000 000  c) 17 530 000 000

② a) $3^{10}$  b) $x^3$  c) $6p^8$  d) $(\sqrt{5})^7$  e) $2^{n+4}$  f) $4^{2m+s+1}$

③ a) $6^2$  b) $(-0{,}1)^3$  c) $2y^3$  d) $4b$
e) $c^{n-3} \cdot b^{m-4}$  f) $b^{3p-q-f}$  g) $(8g-2h)^{n-3}$  h) $2a^2b^2 - 12ab$

④ a) $b^7 - b^6$  b) $4ab^3 - 12a^6b$  c) $3x^6y^6z^4 + 2x^8y^5z^6 - 5x^4y^3z^5$

⑤ $6^5 = 7\,776$
Das sind **7 776 Maß** Getreide.

## 10/2 Seite: 80 — Potenzgesetze II

① a) $(5 \cdot 5)^4 = 5^4 \cdot 5^4 = 5^8$  b) $(18 \cdot 18)^3 = 18^3 \cdot 18^3 = 18^6$
c) $(7 \cdot 49)^4 = (7 \cdot 7^2)^4 = 7^4 \cdot 7^8 = 7^{12}$  d) $(10 \cdot 10)^{-3} = 10^{-3} \cdot 10^{-3} = 10^{-6}$

② a) $10^6$  b) $(xy)^3$  c) $\left(\frac{3}{4}\right)^4$  d) $-1$  e) 1  f) $(uv)^{-6}$

③ a) $\frac{1}{x}$  b) $x^{20}$  c) $\frac{1}{y^{4a}}$  d) $\frac{1}{a^{2sp}}$  e) $r^8 \cdot t^{10}$

④ a) $b^8$  b) $(xy)^5$  c) $(a+\sqrt{3})^7$  d) $\frac{1}{5^4}$  e) $\frac{1}{2^4}$

⑤ a) $\frac{x}{y}$  b) $\frac{x^7}{y^4}$  c) $(ab)^{m(n+1)} \cdot y^{n+1}$  d) $p^{n^2-1}$

⑥ a) $12x^2y^5 + 15x^4y^2$  b) $12a^3 + 9a^4 - 15a$

## Seite: 81 — Quadratische Funktionen — 10/3

① a)

| $x$ | −2 | −1 | 0 | 1 | 2 |
|---|---|---|---|---|---|
| $y$ | 6 | 1,5 | 0 | 1,5 | 6 |

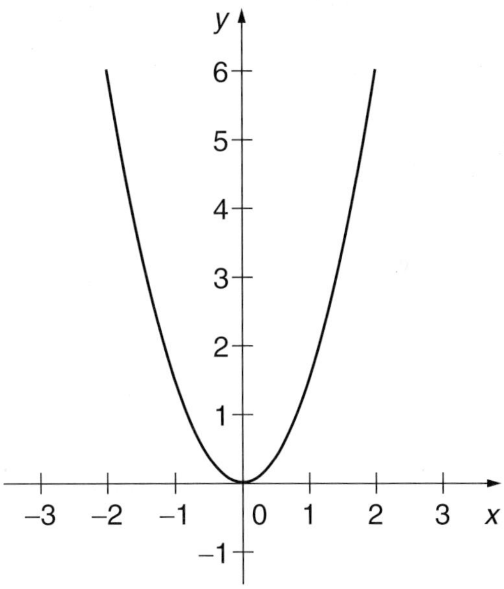


b)

| $x$ | −2 | −1 | 0 | 1 | 2 |
|---|---|---|---|---|---|
| $y$ | −8 | −2 | 0 | −2 | −8 |

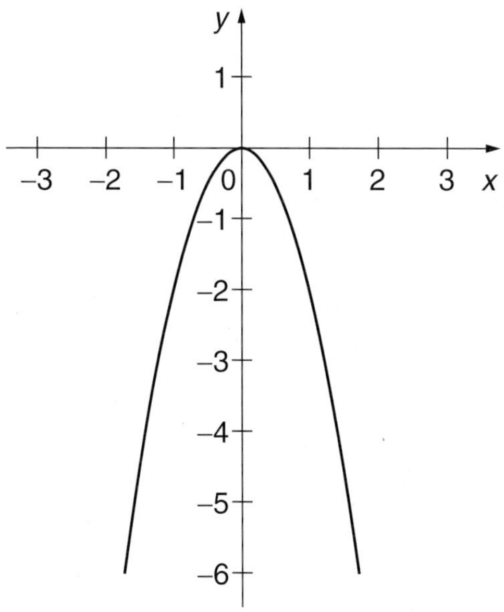


② a) $y = (x - 2{,}5)^2 - 1 = x^2 - 5x + 5{,}25$

b) $y = (x - 6)^2 + 3 = x^2 - 12x + 39$

③ $y = (x - 2)^2 - 3 = x^2 - 4x + 1$

④ a) $x_1 = 1;\quad x_2 = -5$

b) $x_1 = 26{,}16;\quad x_2 = 1{,}834$

c)

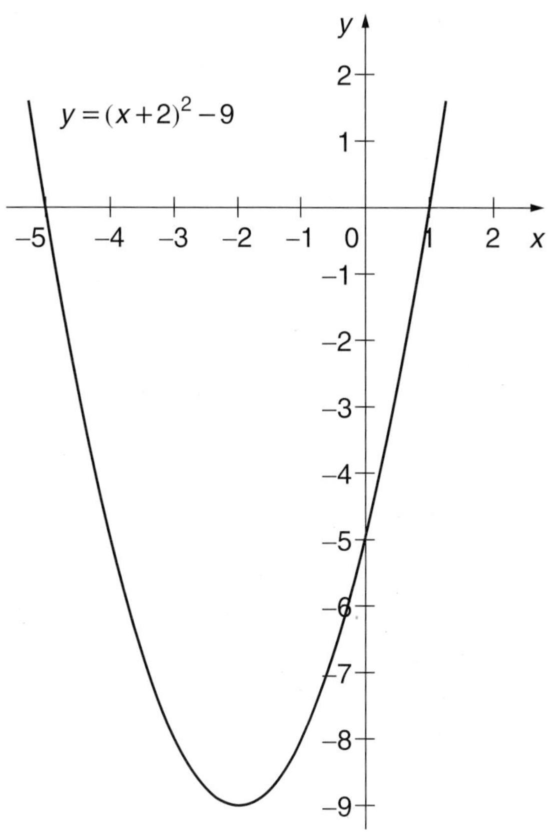


⑤ a) $y = (x + 4)^2 - 11 \qquad S(-4,\ -11)$

b) $y = \left(x - \frac{1}{3}\right)^2 - \frac{2}{9} \qquad S\left(\frac{1}{3},\ -\frac{2}{9}\right)$

## 10/4 Seite: 82 Trigonometrie

① a) $\alpha = 35°$, $b = 8{,}99\,cm$, $c = 10{,}98\,cm$

b) $\gamma = 20°$, $a = 8{,}30\,cm$, $c = 2{,}84\,cm$

c) $\alpha = 38{,}85°$, $\gamma = 51{,}15°$, $b = 231{,}14\,cm$

② $\tan\alpha = \frac{9}{100}$ $\alpha = 5{,}14°$

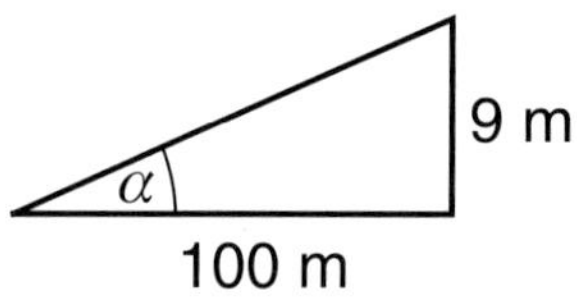


③ a) $a = 68{,}71\,cm$, $c = 200{,}89\,cm$, $\alpha = 20°$

b) $b = 15{,}44\,cm$, $c = 36{,}65\,cm$, $\alpha = 65{,}10°$

④ Die Höhe des Mastes beträgt **7 m**.

⑤ $\alpha + \beta + \gamma = 180°$

$\alpha + \beta = 90°$

$\beta = 90° - \alpha$

## 10/5 Seite: 83 Körperberechnungen I

① $V = 70\,cm^3$ $O = 120{,}10\,cm^2$

② $V = 599\,434{,}73\,cm^3$
Gewicht = **1198,87 kg**

③

| | $r$ | $h_k$ | $V$ |
|---|---|---|---|
| a) | 4 cm | 11 cm | **552,92 cm³** |
| b) | 15,3 cm | **14,25 cm** | 10 480 cm³ |
| c) | **5,5 cm** | 12 cm | 1 139,82 cm³ |

④ Es werden **278,35 m²** Schiefer benötigt.

⑤

| | Radius | Oberfläche | Volumen |
|---|---|---|---|
| a) | 4 cm | **201,06 cm²** | **268,08 cm³** |
| b) | 28 dm | **9 852,03 dm²** | **91 952,32 dm³** |
| c) | 2,5 m | **78,54 m²** | **65,45 m³** |
| d) | **17,5 cm** | 3 846,5 cm² | **22 449,29 cm³** |

⑥ $V = 203{,}86\,m^3$

## 10/6 Seite: 84 Körperberechnungen II

① $O = 480\,cm^2$

② $V = 2\,479\,197{,}67\,m^3$

③ $V = 218\,601{,}62\,dm^3$

④ $O = 23\,194{,}5\,cm^2$

# Lösungshilfen zur Konfliktbewältigung!

*Barbara Jaglarz, Georg Bemmerlein*

## Bußgeldkatalog

68 originelle Zusatzaufgaben bei Regelverstößen, Sekundarstufe I

## Bußgeldkatalog 2

68 originelle **Aufsatzthemen** bei Regelverstößen, Sekundarstufe I

Täuschungsversuche, Papierflieger im Unterricht und Zigaretten auf dem Schulhof? Ermahnen und Diskutieren war gestern! Heute zeigen Sie sich mit diesen Zusatzaufgaben in angespannten Situationen gelassen. Bei Regelverstößen geben Sie Ihren Schüler/-innen eine Aufgabe, in der sie sich auf kreative Weise mit ihrem Regelverstoß auseinandersetzen.

**Bußgeldkatalog:** Methodisch vielfältige Aufgaben u. a. Plakate gestalten, Kreuzworträtsel lösen. **Bußgeldkatalog 2:** konkrete Aufsatzthemen.

**So originell können Sanktionen und konsequentes Handeln aussehen!**

**Bußgeldkatalog**
Buch, 84 Seiten, teilweise farbig, DIN A4
5. bis 10. Klasse
Best.-Nr. 3726

**Bußgeldkatalog 2**
Buch, 84 Seiten, DIN A4
5. bis 10. Klasse
Best.-Nr. 3472

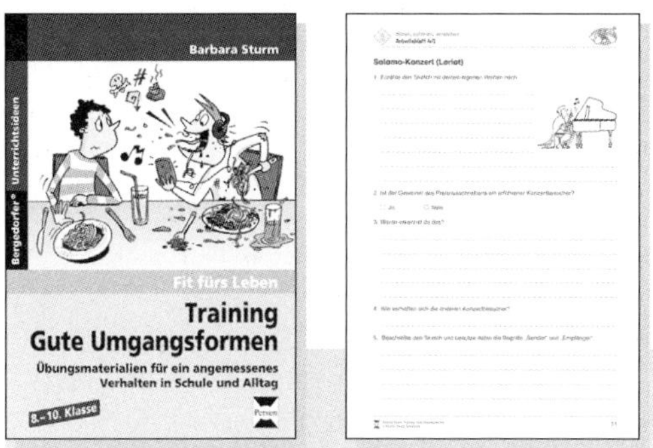


*Barbara Sturm*

## Training: Gute Umgangsformen

Übungsmaterialien für ein angemessenes Verhalten in Schule und Alltag

Eine gemeinsame Grundlage an guten Umgangsformen hilft, das zwischenmenschliche Zusammenleben reibungslos und respektvoll zu gestalten. Für Schüler der Mittelstufe werden gute Manieren dann besonders wichtig, wenn es darum geht, im Rahmen von Bewerbungsgesprächen oder Praktika einen positiven Eindruck zu hinterlassen und sich nach dem Schulabschluss schnell in die Arbeitswelt zu integrieren. Mit diesem Benimmkurs machen Sie Ihren Schülern bewusst, wie sie sich angemessen im „sozialen Raum" bewegen können. Ausgehend von ihrem Verhalten in der Schule werden „Benimm-Regeln" auf das Lebensumfeld übertragen. Vielseitige und interaktive Übungen zu Selbstwahrnehmung, Sprachbewusstsein, Körperpflege, Konversation oder Speiseregeln regen Ihre Schüler dazu an, bewusster mit anderen umzugehen.

**Jetzt ist Benehmen keine Glückssache mehr!**

Buch, 86 Seiten, DIN A4
8. bis 10. Klasse
Best.-Nr. 23121

*Tilo Benner*

## Cool bleiben statt zuschlagen!

Band 1: Bausteine zur Gewaltprävention
Band 2: Ausbildung von Schülermediatoren

Sie wissen: Starke Persönlichkeiten sagen Nein zur Gewalt! Deshalb steht die Förderung der Persönlichkeitsentwicklung im Zentrum dieses ganzheitlichen Konflikttrainings. Der komplett überarbeitete **Band 1** für die Klassenstufen 5 bis 9 umfasst nun 17 Einheiten und 64 Bausteine mit Spielen und praktischen Übungen, in denen die neuen Verhaltens- und Gesprächsmuster gleich angewandt werden.

**Aus dem Inhalt:**

- Konfliktlösung – Mitteilung von Ärger, im Sog der Gewalt, Konfliktunterbrechung
- Selbsterfahrung – Augenduell, Begegnung mit Sicherheitsabstand
- Material – Gefühlskarten, gutes und schlechtes Zuhören, Gewaltformen, Freundliche Beschwerde, Auswertungsbögen

**Band 2** leitet Sie dazu an, kompetente Schülermediatoren in den Klassenstufen 8 bis 10 auszubilden. Die praxiserprobten Übungen können auch außerhalb der Mediatorenausbildung im Bereich des sozialen Lernens zur Teambildung und Gewaltprävention eingesetzt werden.

**Aus dem Inhalt:**

- Empathie – Gefühlvolle Sprache, Körpersprache, Theater der Gefühle
- Kooperation – Eisberg-Modell, Konfliktcharaktere, Planung einer Klassenfahrt
- Mediation – Mediationsgespräch, Umgang mit unfairem Verhalten

**Band 1:** Buch, 140 Seiten, DIN A4
5. bis 9. Klasse
Best.-Nr. 3864

**Band 2:** Buch, 195 Seiten, DIN A4
8. bis 10. Klasse
Best.-Nr. 3748

## Unser Bestellservice:

Das komplette Verlagsprogramm finden Sie in unserem Online-Shop unter

**www.persen.de**

Bei Fragen hilft Ihnen unser Kundenservice gerne weiter.

Deutschland: ✆ 040/32 50 83-040 · Schweiz: ✆ 052/366 53 54 · Österreich: ✆ 0 72 30/2 00 11